山东省水利水电建筑工程
预 算 定 额

（上册）

山东省水利厅　发布

2022-11-21 发布　　　　2023-05-01 实施

中国水利水电出版社
www.waterpub.com.cn
· 北京 ·

图书在版编目（CIP）数据

山东省水利水电建筑工程预算定额．上册 / 山东省水利厅发布．-- 北京 : 中国水利水电出版社，2023.3
ISBN 978-7-5226-1429-8

Ⅰ．①山… Ⅱ．①山… Ⅲ．①水利水电工程－建筑预算定额－山东 Ⅳ．①TV512

中国国家版本馆CIP数据核字(2023)第038063号

书　名	**山东省水利水电建筑工程预算定额（上册）** SHANDONG SHENG SHUILI SHUIDIAN JIANZHU GONGCHENG YUSUAN DING'E（SHANGCE）
作　者	山东省水利厅　发布
出版发行	中国水利水电出版社 （北京市海淀区玉渊潭南路1号D座　100038） 网址：www.waterpub.com.cn E-mail：sales@mwr.gov.cn 电话：（010）68545888（营销中心）
经　售	北京科水图书销售有限公司 电话：（010）68545874、63202643 全国各地新华书店和相关出版物销售网点
排　版	中国水利水电出版社微机排版中心
印　刷	清淞永业（天津）印刷有限公司
规　格	140mm×203mm　32开本　9.75印张　245千字
版　次	2023年3月第1版　2023年3月第1次印刷
印　数	0001—2600册
定　价	**95.00**元

山东省水利厅文件

鲁水建函字〔2022〕69号

山东省水利厅关于发布山东省水利水电工程预算定额及设计概（估）算编制办法的通知

各市水利（水务）局，厅机关各处室、厅直属各单位，各有关单位：

为加强全省水利工程造价管理，进一步规范水利工程造价计价依据，合理确定和有效控制工程投资，提高资金使用效益，省水利厅组织修编了2022版《山东省水利水电工程设计概（估）算编制办法》《山东省水利水电建筑工程预算定额（上、下册）》《山东省水利水电设备安装工程预算定额》《山东省水利水电工程施工机械台班费定额》，现予以发布，自2023年5月1日起执行。

原《山东省水利厅关于发布山东省水利水电工程预算定额及设计概（估）算编制办法的通知》（鲁水建字〔2015〕3号）发布的2015版《山东省水利水电工程设

计概（估）算编制办法》《山东省水利水电建筑工程预算定额（上、下册）》《山东省水利水电设备安装工程预算定额》《山东省水利水电工程施工机械台班费定额》以及《山东省水利厅关于发布山东省水利水电工程营业税改征增值税计价依据调整办法的通知》（鲁水建字〔2016〕5号）、《山东省水利厅关于调整山东省水利水电工程计价依据增值税计算标准的通知》（鲁水建函字〔2019〕33号）、《山东省水利厅关于调整山东省水利水电工程安全文明生产措施费计算方法的通知》（鲁水建函字〔2021〕27号）等有关通知自执行之日起废止。

此次发布的设计概（估）算编制办法及预算定额由山东省水利厅负责管理并解释。在执行过程中如有问题请及时函告山东省水利厅。

联系人：徐田峰，联系电话：0531－51767138。

山东省水利厅

2022年11月18日

山东省水利厅办公室　　2022年11月21日印发

主编单位 山东省水利厅
编制单位 山东省水利勘测设计院有限公司
主　　编 王祖利
副 主 编 凌九平　张修忠　王锡利　杜珊珊
李贵清　梅泽本
编制人员 张　超　韩　伟　张　恒　张　盈
周　迎　徐田峰　王　晶　于文蓬
聂　晶　於　蕊　刘　玮　贾　冰
马　阔　陈　娜　孙小妮　张书花
曹坤宇
参编人员 魏振峰　王　昊　徐　胜　周广科
郭　静　曲英杰　刘　晗　韩鸿雁
刘　帆
咨询专家 尚友明　孙湘琴　王例珊　黄海波
刘　凯　黄　璐　张旭春　纪仁卿
高印军　于梅开

总 目 录

上 册

下 册

总　说　明

一、《山东省水利水电建筑工程预算定额》（以下简称“本定额”），分为土方工程、石方工程、砌筑工程、混凝土工程、模板工程、疏浚工程、钻孔灌浆及锚固工程、生态绿化工程、管道工程、其他工程共十章及附录。

二、本定额适用于山东省水利水电工程项目，是编制施工图预算的依据和《山东省水利水电建筑工程概算定额》的基础，可作为编制水利工程招标标底和投标报价的参考。

三、本定额不包括冬季、雨季等气候影响的因素及增加的设施费用。

四、本定额按一日三班作业施工、每班八小时工作制拟定。若部分工程项目采用一日一班制或两班制的，定额不作调整。

五、本定额的“工作内容”仅扼要说明各章节的主要施工过程和工序。次要的施工过程、施工工序和必要的辅助工作，虽未列出，但已包括在定额内。

六、定额中人工、机械用量是指完成一个定额子目内容所需的人工数和机械台班数，包括基本工作、准备与结束、辅助生产、不可避免的中断、必要的休息、工程检查、交接班、班内工作干扰、夜间施工工效影响、常用工具和机械的维修、保养、加油、加水等全部工作。

七、材料消耗定额（含其他材料费、零星材料费），是指完成一个定额子目内容所需的全部材料耗用量。

1. 材料定额中，未列示品种、规格的，可根据设计选定的品种、规格计算，但定额数量不得调整。凡材料已列示了品种、规格的，编制预算单价时不予调整。

2. 材料定额中，凡一种材料名称之后同时并列了几种不同型号规格的，表示这种材料只能选用其中一种型号规格的定额进行计价。

3. 材料定额中，凡一种材料分几种型号规格与材料名称同时并列的，表示这些名称相同、规格不同的材料都应同时计价。

4. 材料从分仓库或相当于分仓库材料堆放地至工作面的场内运输所需的人工、机械及费用，已包括在各定额子目中。

5. 其他材料费和零星材料费，是指完成一个定额子目的工作内容所必需的未列量材料费。

八、机械台班定额（含其他机械费），是指完成一个定额子目工作内容所需要的主要机械及次要辅助机械使用费。

1. 机械定额中，凡数量以“组班”表示的，其机械数量等均按设计选定计算，定额数量不予调整。

2. 机械定额中，凡一种机械名称之后同时并列几种型号规格的，如运输定额中的自卸汽车等，表示这种机械只能选用其中一种型号、规格的定额进行计价。

3. 机械定额中，凡一种机械分几种型号规格与机械名称同时并列的，表示这些名称相同、规格不同的机械定额都应同时进行计价。

4. 其他机械费，是指完成一个定额子目的工作内容所必需的未列量的机械使用费。

九、本定额中零星材料费、其他材料费、其他机械费，均以费率形式表示，其计算公式如下：

1. 零星材料费＝(人工费＋机械费)×费率

2. 其他材料费＝材料费×费率

3. 其他机械费＝机械费×费率

十、定额用数字表示的适用范围

1. 只用一个数字表示的，仅适用于该数字本身。当需要选用的定额介于两子目之间时，可用插入法计算。

2. 数字用上下限表示的，如 2000～2500，适用于大于 2000、小于或等于 2500 的数字范围。

十一、各章的汽车运输定额，适用于水利工程施工路况 10km 以内的场内运输。运距超过 10km 时，超过部分按增运 1km 台班数乘以 0.75 系数计算。

十二、本定额所列的耗用材料，其场内搬运所需的劳动力及运输机具用量已包括在相应定额内，除另有规定外，一般不作调整。

十三、本定额所列的各项人工运输定额，其运距按水平距离计算，如载重方向有上、下坡时，按下述方法换算为水平距离：高折平距离等于载重方向坡道起止点的高差乘以下表中所列的高折平系数。

人工挑抬、胶轮车运输的高折平系数表

项目 \ 高折平/m \ 高差/m		1	2	3	4	5	6	7	8	9	10	11	12	13	14	15	16	17	18	19	20	20m以上每米折平
人工挑抬	上坡	10	20	30	43	56	69	82	95	108	121	135	149	163	177	191	205	219	233	247	261	17
	下坡	8	16	24	32	40	48	56	64	72	80	88	96	104	112	120	128	136	144	152	160	8
胶轮车运输	上坡	28	56	84	120	156	192	228	264	300	336	375	414	453	492	531	570	609	648	687	726	43
	下坡	14	28	42	58	74	90	106	122	138	154	170	186	202	218	234	250	266	282	298	314	16

注 非连续性坡运，中间水平距离超过 10m 以上者应分段计算高折平距离，然后求其总和。

目　　录

第一章　土方工程

说　　明

一、本章包括土方开挖、运输、压实等定额共57节。

二、土方定额的计量单位，除注明外均按自然方计算。

三、土方定额的名称。

1. 自然方：未经扰动的自然状态土方。

2. 松方：自然方经过机械或人工开挖而松动过的土方。

3. 实方：填筑、回填并经过压实后的成品方。

四、土类级别划分，除淤泥、流砂、冻土外，均按土石十六级分类法的前四级划分。

五、土方开挖和填筑工程，除定额规定的工作内容外，还包括挖小排水沟、修坡、清除场地草皮杂物、交通指挥、小型安全设施及取土场和卸土场内的小路修筑与维护等。

六、一般土方开挖定额，适用于一般明挖土方工程和上口宽度超过16m的渠（沟）道及上口面积大于$20m^2$的柱坑土方工程。

七、渠道土方开挖定额，适用于上口宽度小于或等于16m的梯形断面、长条形、底边需要修整的渠道土方工程。

八、沟槽土方开挖定额，适用于上口宽小于或等于4m的矩形断面或边坡陡于1∶0.5的梯形断面、长度大于宽度3倍的长条形、只修底不修边坡的土方工程，如截水墙、齿墙等各类墙基、管沟、排水沟和电缆沟等。

九、柱坑土方开挖定额，适用于上口面积小于或等于$20m^2$、长度小于或等于宽度的3倍、深度小于上口短边长度或直径、四侧垂直或边坡陡于1∶0.5、不修边坡只修底的坑挖工程，如集水坑、柱坑、机座等。

十、平洞土方开挖定额，适用于水平夹角小于或等于6°、断面积大于$2.5m^2$的各种隧洞土方开挖工程。

十一、竖井土方开挖定额，适用于水平夹角大于75°、断面面积大于$2.5m^2$、深度大于上口短边长度或直径的洞挖工程，如抽水井、闸门井、交通井、通风井等。

十二、斜井土方开挖定额，适用于水平夹角为6°～75°、断面面积大于$2.5m^2$的洞挖土方工程。

十三、砂砾（卵）石、砂礓土开挖和运输按Ⅳ类土定额计算。

十四、挖、运土方各节定额按自然方拟定，如挖、运松土，按降低一级土质类别土类计算。机械挖运定额中已包括卸料场配备的推土机定额在内。

十五、推土机的推土距离和铲运机的铲运距离，均指取土中心至卸土中心的平均距离。

十六、压实定额适用于坝、堤、堰填筑工程。压实定额均按压实成品方计。根据技术要求和施工必须增加的损耗，在计算压实工程的备料量和运输量时，可按下式计算：

每100压实成品方需要的自然方量＝(100＋A)×(设计干密度/天然干密度)

综合系数A，包括开挖、上坝运输、雨后清理、边坡削坡、接缝削坡、施工沉陷、取土坑、试验坑和不可避免的压坏等损耗因素。根据不同的施工方法和坝料按表1-1选取A值，使用时不再调整。

表1-1　压实成品方综合系数表

项　目	A
机械填筑混合坝坝体土料	5.86
机械填筑均质坝坝体土料	4.93
机械填筑心（斜）墙土料	5.70
人工填筑坝体土料	3.43
人工填筑心（斜）墙土料	3.43
坝体砂砾料、反滤料	2.20
坝体堆石料	1.40

十七、本章混合料填筑、水泥土回填压实定额中水泥强度等级的选择应符合设计要求，设计未明确的水泥强度等级可选用 42.5MPa。

一-1 人工挖一般土

适用范围：一般土方开挖。

工作内容：挖松、就近堆放。

单位：100m³

项目		单位	土类级别		
			Ⅰ、Ⅱ	Ⅲ	Ⅳ
人工		工日	5.220	9.630	15.480
材料	零星材料费	%	2.000	2.000	2.000
定额编号			10001	10002	10003

一-2 人工挖水下土

适用范围：一般土方挖运，最大水深在0.3m以内。

工作内容：挖装、挑（抬）运、卸。

单位：100m³

项目		单位	水深≤0.1m						水深0.1～0.3m					
			挖装运10m			每增运10m			挖装运10m			每增运10m		
			土类级别											
			Ⅰ、Ⅱ	Ⅲ	Ⅳ	Ⅰ、Ⅱ	Ⅲ	Ⅳ	Ⅰ、Ⅱ	Ⅲ	Ⅳ	Ⅰ、Ⅱ	Ⅲ	Ⅳ
人工		工日	22.250	30.740	42.120	2.380	2.590	2.810	31.460	43.560	65.740	3.800	4.110	4.440
材料	零星材料费	%	2.000	2.000	2.000				2.000	2.000	2.000			
定额编号			10004	10005	10006	10007	10008	10009	10010	10011	10012	10013	10014	10015

一-3 人工挖冻土

工作内容：挖抛冻土，修正底边，弃土于槽、坑0.5m以外。

单位：100m³

项目		单位	人工挖冻土厚度≤0.5m	人工挖冻土厚度>0.5m
人工		工日	96.320	140.470
材料	零星材料费	%	2.000	1.000
定额编号			10016	10017

一-4 人工挖沟槽

适用范围：排水沟、地沟等。

工作内容：挖土、修底、抛土到槽边两侧0.5m以外。

(1) Ⅰ、Ⅱ类土

单位：100m³

项目		单位	Ⅰ、Ⅱ类土							
			上口宽度≤1m	上口宽度1～2m			上口宽度2～4m			
			深度≤1m		深度1～2m	深度2～3m	深度≤1m	深度1～2m	深度2～3m	深度3～4m
人工		工日	13.920	11.230	12.190	13.180	11.000	11.950	12.920	14.570
材料	零星材料费	%	1.500	1.500	1.500	1.500	1.500	1.500	1.500	1.500
定额编号			10018	10019	10020	10021	10022	10023	10024	10025

(2) Ⅲ 类 土

单位：100m³

项目	单位	Ⅲ类土							
		上口宽度≤1m	上口宽度1～2m			上口宽度2～4m			
		深度≤1m		深度1～2m	深度2～3m	深度≤1m	深度1～2m	深度2～3m	深度3～4m
人工	工日	21.910	17.680	19.180	20.750	17.320	18.800	20.340	22.950
材料 零星材料费	%	1.500	1.500	1.500	1.500	1.500	1.500	1.500	1.500
定额编号		10026	10027	10028	10029	10030	10031	10032	10033

(3) Ⅳ 类 土

单位：100m³

项目	单位	Ⅳ类土							
		上口宽度≤1m	上口宽度1～2m			上口宽度2～4m			
		深度≤1m		深度1～2m	深度2～3m	深度≤1m	深度1～2m	深度2～3m	深度3～4m
人工	工日	29.920	24.160	26.160	28.320	23.680	25.680	27.760	31.280
材料 零星材料费	%	1.500	1.500	1.500	1.500	1.500	1.500	1.500	1.500
定额编号		10034	10035	10036	10037	10038	10039	10040	10041

一－5　人工挖柱坑（基坑）

适用范围：集水坑、桩坑、柱坑。

工作内容：挖土、修底、抛土至坑边 0.5m 以外。

（1）Ⅰ、Ⅱ类土

单位：$100m^3$

项目		单位	上口面积≤$1m^2$	上口面积 1～$2.5m^2$		上口面积 2.5～$6.5m^2$			上口面积 6.5～$12m^2$				上口面积 12～$20m^2$			
			深度≤1.5m		深度1.5～2.5m	深度≤2m	深度2～3m	深度3～4m	深度≤2m	深度2～3m	深度3～4m	深度4～5m	深度≤2m	深度2～3m	深度3～4m	深度4～5m
人工		工日	20.340	18.290	20.290	17.600	19.380	22.170	17.120	18.070	20.430	23.910	16.680	17.600	19.640	22.910
材料	零星材料费	%	1.500	1.500	1.500	1.500	1.500	1.500	1.500	1.500	1.500	1.500	1.500	1.500	1.500	1.500
定额编号			10042	10043	10044	10045	10046	10047	10048	10049	10050	10051	10052	10053	10054	10055

（2）Ⅲ　类　土

单位：100m³

项目		单位	上口面积≤1m²	上口面积 1～2.5m²		上口面积 2.5～6.5m²			上口面积 6.5～12m²				上口面积 12～20m²			
			深度≤1.5m		深度 1.5～2.5m	深度≤2m	深度 2～3m	深度 3～4m	深度≤2m	深度 2～3m	深度 3～4m	深度 4～5m	深度≤2m	深度 2～3m	深度 3～4m	深度 4～5m
人工		工日	36.980	33.250	36.890	31.990	35.240	40.310	31.120	32.860	37.140	43.470	30.330	31.990	35.720	41.650
材料	零星材料费	%	1.500	1.500	1.500	1.500	1.500	1.500	1.500	1.500	1.500	1.500	1.500	1.500	1.500	1.500
定额编号			10056	10057	10058	10059	10060	10061	10062	10063	10064	10065	10066	10067	10068	10069

（3）Ⅳ 类 土

单位：100m³

项目		单位	上口面积≤1m²	上口面积1～2.5m²		上口面积2.5～6.5m²			上口面积6.5～12m²				上口面积12～20m²			
			深度≤1.5m		深度1.5～2.5m	深度≤2m	深度2～3m	深度3～4m	深度≤2m	深度2～3m	深度3～4m	深度4～5m	深度≤2m	深度2～3m	深度3～4m	深度4～5m
人工		工日	57.320	51.540	57.180	49.580	54.620	62.480	48.240	50.930	57.560	67.380	47.010	49.580	55.360	64.560
材料	零星材料费	%	1.500	1.500	1.500	1.500	1.500	1.500	1.500	1.500	1.500	1.500	1.500	1.500	1.500	1.500
定额编号			10070	10071	10072	10073	10074	10075	10076	10077	10078	10079	10080	10081	10082	10083

注 1. 上口面积＞20m²，按一般土方开挖定额计算。

2. 修边的柱坑，定额乘以系数1.1。

一-6 人工清理表土

适用范围：坡度≤20°，厚度30cm以内。

工作内容：人工挖除、堆放。

单位：100m²

项目		单位	土类级别		
			Ⅰ～Ⅱ	Ⅲ	Ⅳ
人工		工日	2.310	3.840	5.600
材料	零星材料费	%	1.000	1.000	1.000
定额编号			10084	10085	10086

注　坡度为20°～45°的坡面，人工乘以系数1.15；坡度＞45°的坡面，人工乘以系数1.45。

一-7 人工挖土人力挑抬运输

工作内容：挖土、运输、空回。

单位：100m³

项目		单位	挖装运≤20m			每增运10m		
			土类级别					
			Ⅰ、Ⅱ	Ⅲ	Ⅳ	Ⅰ、Ⅱ	Ⅲ	Ⅳ
人工		工日	15.730	21.080	27.630	2.160	2.500	3.020
材料	零星材料费	%	2.000	2.000	2.000			
定额编号			10087	10088	10089	10090	10091	10092

一-8 人工挖土胶轮车运输

适用范围：开挖、填筑一般土方。

工作内容：挖土、装车、重运、卸车、空回。

单位：100m³

项目		单位	挖装运≤50m 土类级别 Ⅰ、Ⅱ	挖装运≤50m 土类级别 Ⅲ	挖装运≤50m 土类级别 Ⅳ	每增运10m
人工		工日	14.570	21.110	28.200	0.360
材料	零星材料费	%	2.000	2.000	2.000	
机械	胶轮车	台班	8.550	10.040	11.250	0.360
	其他机械费	%	1.000	1.000	1.000	
定额编号			10093	10094	10095	10096

一-9 人工装土机动翻斗车运输

工作内容：人工装、运、卸、空回。

单位：100m³

项目		单位	运距100m	运距200m	运距300m	运距400m	运距500m	每增运100m
人工		工日	13.610	13.610	13.610	13.610	13.610	
材料	零星材料费	%	1.000	1.000	1.000	1.000	1.000	
机械	机动翻斗车 1t	台班	4.160	4.600	5.000	5.380	5.740	0.340
定额编号			10097	10098	10099	10100	10101	10102

一-10 人工装土自卸手扶式拖拉机运输

工作内容：人工装、运、卸、空回。

单位：$100m^3$

项目		单位	运距≤100m	运距200m	运距300m	运距400m	运距500m	每增运100m
人工		工日	16.170	16.170	16.170	16.170	16.170	
材料	零星材料费	%	1.000	1.000	1.000	1.000	1.000	
机械	手扶式拖拉机 11kW	台班	4.060	4.400	4.710	5.020	5.300	0.240
定额编号			10103	10104	10105	10106	10107	10108

一-11 人工挖运淤泥、流砂

工作内容：挖装、运输、卸除、空回、洗刷工具。

(1) 淤　泥

单位：$100m^3$

项目		单位	挖装运≤30m	挖装运30～60m	挖装运60～100m	每增运10m
人工		工日	33.940	41.610	49.930	2.380
材料	零星材料费	%	1.500	1.500	1.500	
定额编号			10109	10110	10111	10112

注　淤泥指含水量较大、粘筐、粘锨、行走陷脚的泥类。一般用铁锨开挖，用泥兜或土箕运输。

(2) 淤泥流砂

单位：$100m^3$

项目		单位	挖装运 ≤30m	挖装运 30～60m	挖装运 60～100m	每增运 10m
人工		工日	43.270	51.600	60.640	2.550
材料	零星材料费	%	1.500	1.500	1.500	
定额编号			10113	10114	10115	10116

注 淤泥流砂指含水量超过饱和状态的淤泥，挖后的坑能平复无痕，挖而无痕，挖而复胀。一般用铁锹开挖，用泥兜或水桶运输。

(3) 稀泥流砂

单位：$100m^3$

项目		单位	挖装运 ≤30m	挖装运 30～60m	挖装运 60～100m	每增运 10m
人工		工日	57.310	66.570	76.610	2.890
材料	零星材料费	%	1.500	1.500	1.500	
定额编号			10117	10118	10119	10120

注 稀泥流砂指含水量超过饱和状态的稀淤泥，稍经扰动即成糊状，挖后的坑能平复无痕。一般只能用水斗掏起，用水桶运输。

一-12 人工挖平洞土胶轮车运输

适用范围：土隧洞，含水量小于25%。

工作内容：1. 挖土：挖土、修整断面、安全工作等。

2. 挖运：挖土、装车、运土、卸土、空回、修整断面、安全工作等。

（1）Ⅲ 类 土

单位：100m³

项目		单位	断面面积≤5m²			断面面积5～10m²			断面面积10～20m²		
			挖土	挖运20m	每增运20m	挖土	挖运20m	每增运20m	挖土	挖运20m	每增运20m
人工		工日	25.810	43.500	1.640	21.750	39.430	1.640	19.030	36.650	1.640
材料	零星材料费	%	1.500	1.500		1.500	1.500		1.500	1.500	
机械	胶轮车	台班		9.740	1.650		9.740	1.650		9.740	1.650
机械	轴流通风机 7.5kW	台班	5.440	5.440		3.620	3.620		2.140	2.140	
定额编号			10121	10122	10123	10124	10125	10126	10127	10128	10129

（2）Ⅳ 类 土

单位：$100m^3$

项目		单位	断面面积≤$5m^2$			断面面积 $5\sim10m^2$			断面面积 $10\sim20m^2$		
			挖土	挖运 20m	每增运 20m	挖土	挖运 20m	每增运 20m	挖土	挖运 20m	每增运 20m
人工		工日	44.070	63.600	1.710	37.220	56.750	1.710	32.580	52.120	1.710
材料	零星材料费	%	1.500	1.500		1.500	1.500		1.500	1.500	
机械	胶轮车	台班		10.560	1.740		10.560	1.740		10.560	1.740
	轴流通风机 7.5kW	台班	8.410	8.410		5.610	5.610		3.300	3.300	
定额编号			10130	10131	10132	10133	10134	10135	10136	10137	10138

一-13 人工挖平洞土方斗车运输

适用范围：土隧洞，含水量小于25％。

工作内容：1. 挖土：挖土、修整断面、安全工作等。

2. 挖运：挖土、修整断面、装、运、卸、道路维护、搬道岔、安全工作等。

（1）Ⅲ 类 土

单位：$100m^3$

项目		单位	断面面积≤$5m^2$			断面面积 5～$10m^2$			断面面积>$10m^2$		
			挖土	挖运 100m	增运 50m	挖土	挖运 100m	增运 50m	挖土	挖运 100m	增运 50m
人工		工日	23.760	45.940	1.500	20.020	42.200	1.500	17.520	39.700	1.500
材料	零星材料费	%	1.000	1.000		1.000	1.000		1.000	1.000	
机械	轴流通风机 7.5kW	台班	6.200	6.200		4.140	4.140		2.440	2.440	
	V型斗车 窄轨 容积 $0.6m^3$	台班		7.540	1.500		7.540	1.500		7.540	1.500
定额编号			10139	10140	10141	10142	10143	10144	10145	10146	10147

（2）Ⅳ 类 土

单位：100m^3

项目		单位	断面面积≤5m^2			断面面积5～10m^2			断面面积>10m^2		
			挖土	挖运100m	增运50m	挖土	挖运100m	增运50m	挖土	挖运100m	增运50m
人工		工日	40.560	65.100	1.510	34.260	58.800	1.510	29.990	54.530	1.510
材料	零星材料费	%	1.000	1.000		1.000	1.000		1.000	1.000	
机械	轴流通风机 7.5kW	台班	9.580	9.580		6.390	6.390		3.760	3.760	
	V型斗车 窄轨 容积0.6m^3	台班		8.130	1.510		8.130	1.510		8.130	1.510
定额编号			10148	10149	10150	10151	10152	10153	10154	10155	10156

一-14 人工挖斜井土卷扬机牵引斗车运输

适用范围：土隧洞，含水量小于25%。

工作内容：1. 挖土：挖土、修整断面、安全工作等。

2. 挖运：挖土、修整断面、装车、运土、卸土、道路维护、搬道岔、安全工作等。

（1）Ⅲ 类 土

单位：$100m^3$

项目		单位	断面面积≤$5m^2$			断面面积$5\sim10m^2$		
			挖土	挖运100m	每增运50m	挖土	挖运100m	每增运50m
人工		工日	29.690	57.400	1.810	25.020	52.720	1.810
材料	零星材料费	%	1.500	1.500		1.500	1.500	
机械	轴流通风机 7.5kW	台班	6.260	6.260		4.170	4.170	
	V型斗车 窄轨 容积$0.6m^3$	台班		7.620	0.950		7.620	0.950
	卷扬机 单筒慢速 5t	台班		3.810	0.480		3.810	0.480
定额编号			10157	10158	10159	10160	10161	10162

（2）Ⅴ 类 土

单位：$100m^3$

项目		单位	断面面积≤$5m^2$			断面面积 $5\sim10m^2$		
			挖土	挖运 100m	每增运 50m	挖土	挖运 100m	每增运 50m
人工		工日	50.660	81.340	1.890	42.800	73.470	1.890
材料	零星材料费	%	1.500	1.500		1.500	1.500	
机械	轴流通风机 7.5kW	台班	8.010	8.010		5.340	5.340	
	V 型斗车 窄轨 容积 $0.6m^3$	台班		7.920	0.950		7.920	0.950
	卷扬机 单筒慢速 5t	台班		3.960	0.480		3.960	0.480
定额编号			10163	10164	10165	10166	10167	10168

一-15 人工挖竖井土卷扬机提升吊斗运输

（1）斗容 0.2m³

单位：100m³

项目		单位	断面面积≤5m²				断面面积 5～10m²				断面面积 10～20m²			
			土类级别Ⅲ		土类级别Ⅳ		土类级别Ⅲ		土类级别Ⅳ		土类级别Ⅲ		土类级别Ⅳ	
			井深≤10m	每增深10m	井深≤10m	每增深10m	井深≤10m	每增深10m	井深≤10m	每增深10m	井深≤10m	每增深10m	井深≤10m	每增深10m
人工		工日	64.620	4.630	91.150	5.200	59.260	6.060	80.420	6.500	58.640	7.240	77.060	7.820
材料	零星材料费	%	1.000		1.000		1.000		1.000		1.000		1.000	
机械	卷扬机 单筒慢速 1t	台班	9.290	1.430	10.230	1.540	8.020	1.430	8.800	1.540	7.380	1.430	8.090	1.540
	吊斗（桶）$0.2m^3$	台班	9.290	1.430	10.230	1.540	8.020	1.430	8.800	1.540	7.380	1.430	8.090	1.540
定额编号			10169	10170	10171	10172	10173	10174	10175	10176	10177	10178	10179	10180

注 每增深不足 10m，按增深 10m 计。

(2) 斗容 0.6m³

单位：100m³

项目		单位	断面面积≤5m²				断面面积 5～10m²				断面面积 10～20m²			
			土类级别Ⅲ		土类级别Ⅳ		土类级别Ⅲ		土类级别Ⅳ		土类级别Ⅲ		土类级别Ⅳ	
			井深 10m	每增深 10m	井深 10m	每增深 10m	井深 10m	每增深 10m	井深 10m	每增深 10m	井深 10m	每增深 10m	井深 10m	每增深 10m
人工		工日	51.560	1.490	77.400	1.540	42.890	1.830	62.970	2.000	39.080	2.180	56.120	2.350
材料	零星材料费	%	1.000		1.000		1.000		1.000		1.000		1.000	
机械	卷扬机 单筒慢速 3t	台班	5.420	0.430	6.090	0.460	4.160	0.430	4.660	0.460	3.540	0.430	3.940	0.460
	吊斗（桶）0.6m³	台班	5.420	0.430	6.090	0.460	4.160	0.430	4.660	0.460	3.540	0.430	3.940	0.460
定额编号			10181	10182	10183	10184	10185	10186	10187	10188	10189	10190	10191	10192

注 每增深不足 10m 的，按增深 10m 计。

一-16　挖掘机挖一般土

适用范围：露天作业。

工作内容：挖松、就近堆放。

单位：100m³

项目		单位	土类级别		
			Ⅰ、Ⅱ	Ⅲ	Ⅳ
人工		工日	0.460	0.460	0.460
材料	零星材料费	%	3.000	3.000	3.000
机械	挖掘机 0.35m³	台班	0.230	0.240	0.270
	0.6m³	台班	0.180	0.210	0.230
	1m³	台班	0.130	0.140	0.150
	2m³	台班	0.080	0.090	0.100
	长臂挖掘机 0.6m³	台班	0.230	0.250	0.280
	1.0m³	台班	0.150	0.180	0.190
定额编号			10193	10194	10195

注　长臂挖掘机台班费计算套用挖掘机台班。

一-17　挖掘机挖渠道土

适用范围：上口宽≤16m 的土渠。

工作内容：机械开挖，人工配合挖保护层，修边、修底等。

单位：100m³

项目		单位	土类级别		
			Ⅰ、Ⅱ	Ⅲ	Ⅳ
人工		工日	3.170	3.480	3.790
材料	零星材料费	%	3.000	3.000	3.000
机械	挖掘机 0.35m³	台班	0.290	0.330	0.350
	0.6m³	台班	0.200	0.220	0.240
	1m³	台班	0.130	0.150	0.160
	2m³	台班	0.090	0.100	0.110
	长臂挖掘机 0.6m³	台班	0.230	0.250	0.280
	1.0m³	台班	0.150	0.180	0.185
	胶轮车	台班	1.450	1.600	1.740
定额编号			10196	10197	10198

注　长臂挖掘机台班费计算套用挖掘机台班。

一-18　挖掘机挖淤泥、流砂

适用范围：露天作业。

工作内容：挖淤泥、流砂，堆放一边。

单位：$100m^3$

项目		单位	数量
人工		工日	0.860
材料	零星材料费	%	5.000
机械	挖掘机 $0.6m^3$	台班	0.320
	$1m^3$	台班	0.220
	长臂挖掘机 $0.6m^3$	台班	0.400
	$1.0m^3$	台班	0.280
定额编号			10199

注　长臂挖掘机台班费计算套用挖掘机台班。

一-19　开沟机挖管道沟土

适用范围：电缆沟、小型管道沟土方。

工作内容：挖土、就地堆放。

单位：$100m^3$

项目		单位	口宽≤30cm，沟深≤1.0m		
			土类级别 Ⅰ、Ⅱ	土类级别 Ⅲ	土类级别 Ⅳ
人工		工日	0.800	1.040	1.440
机械	开沟机 25kW	台班	0.800	1.040	1.440
	其他机械费	%	1.000	1.000	1.000
定额编号			10200	10201	10202

一-20 挖掘机挖管沟、基槽、沟槽

适用范围：墙基、管沟、排水沟、电缆沟等。

工作内容：挖松、堆放，人工配合局部修整等。

单位：$100m^3$

项目		单位	土类级别		
			Ⅰ～Ⅱ	Ⅲ	Ⅳ
人工		工日	1.970	2.160	2.380
材料	零星材料费	%	3.000	3.000	3.000
机械	挖掘机 $0.35m^3$	台班	0.370	0.410	0.440
	$0.6m^3$	台班	0.230	0.250	0.270
定额编号			10203	10204	10205

注 1. 挖掘机挖坑土方可参照本定额。

2. 开挖地层为淤泥时，人工和开挖机械乘以系数1.2。

一-21 挖掘机修坡

适用范围：旧渠道及旧堤（坝）坡修整，厚度50cm以内。

工作内容：机械开挖、堆放、人工配合挖保护层、修坡。

单位：$100m^3$

项目		单位	土类级别		
			Ⅰ～Ⅱ	Ⅲ	Ⅳ
人工		工日	4.760	5.220	5.690
材料	零星材料费	%	3.000	3.000	3.000
机械	挖掘机 $0.6m^3$	台班	0.650	0.660	0.670
	$1m^3$	台班	0.440	0.450	0.460
定额编号			10206	10207	10208

一-22 3～4m³ 拖式铲运机铲运土

适用范围：一般土方。

工作内容：铲装、运送、卸除、空回、转向、土场道路平整、洒水、卸土推平。

(1) Ⅰ、Ⅱ 类 土

单位：100m³

项目		单位	铲运距离≤100m	铲运距离100～200m	铲运距离200～300m	铲运距离300～400m	铲运距离400～500m
人工		工日	0.420	0.660	0.880	1.060	1.260
材料	零星材料费	%	10.000	10.000	10.000	10.000	10.000
机械	铲运机 3～4m³	台班	0.360	0.570	0.750	0.910	1.070
	拖拉机 55kW	台班	0.360	0.570	0.750	0.910	1.070
	推土机 55kW	台班	0.030	0.060	0.080	0.090	0.110
定额编号			10209	10210	10211	10212	10213

注 铲运距离=(铲装距离+运土距离+空回距离)/2。

（2）Ⅲ 类 土

单位：$100m^3$

项目		单位	铲运距离≤100m	铲运距离100～200m	铲运距离200～300m	铲运距离300～400m	铲运距离400～500m
人工		工日	0.460	0.740	0.970	1.180	1.380
材料	零星材料费	%	10.000	10.000	10.000	10.000	10.000
机械	铲运机 3～$4m^3$	台班	0.390	0.620	0.820	1.000	1.170
	拖拉机 55kW	台班	0.390	0.620	0.820	1.000	1.170
	推土机 55kW	台班	0.040	0.060	0.090	0.100	0.120
定额编号			10214	10215	10216	10217	10218

注 铲运距离＝(铲装距离＋运土距离＋空回距离)/2。

（3）Ⅳ 类 土

单位：$100m^3$

项目		单位	铲运距离 ≤100m	铲运距离 100～200m	铲运距离 200～300m	铲运距离 300～400m	铲运距离 400～500m
人工		工日	0.500	0.800	1.060	1.280	1.510
材料	零星材料费	%	10.000	10.000	10.000	10.000	10.000
机械	铲运机 $3\sim4m^3$	台班	0.430	0.680	0.890	1.090	1.280
	拖拉机 55kW	台班	0.430	0.680	0.890	1.090	1.280
	推土机 55kW	台班	0.040	0.070	0.090	0.110	0.130
定额编号			10219	10220	10221	10222	10223

注 铲运距离=（铲装距离+运土距离+空回距离）/2。

一-23 6～8m³ 拖式铲运机铲运土

适用范围：一般土方。

工作内容：铲装、运送、卸除、空回、转向、土场道路平整、洒水、卸土推平等。

（1）Ⅰ、Ⅱ类土

单位：100m³

项目		单位	铲运距离 ≤100m	铲运距离 100～200m	铲运距离 200～300m	铲运距离 300～400m	铲运距离 400～500m
人工		工日	0.300	0.420	0.540	0.660	0.800
材料	零星材料费	%	10.000	10.000	10.000	10.000	10.000
机械	铲运机 6～8m³	台班	0.250	0.360	0.460	0.570	0.680
	拖拉机 74kW	台班	0.250	0.360	0.460	0.570	0.680
	推土机 59kW	台班	0.030	0.035	0.050	0.060	0.070
定额编号			10224	10225	10226	10227	10228

注　铲运距离＝(铲装距离＋运土距离＋空回距离)/2。

(2) Ⅲ 类 土

单位：100m³

项目		单位	铲运距离≤100m	铲运距离100～200m	铲运距离200～300m	铲运距离300～400m	铲运距离400～500m
人工		工日	0.320	0.460	0.600	0.740	0.880
材料	零星材料费	%	10.000	10.000	10.000	10.000	10.000
机械	铲运机 6～8m³	台班	0.270	0.390	0.510	0.630	0.740
	拖拉机 74kW	台班	0.270	0.390	0.510	0.630	0.740
	推土机 59kW	台班	0.030	0.040	0.050	0.060	0.080
定额编号			10229	10230	10231	10232	10233

注 铲运距离=(铲装距离+运土距离+空回距离)/2。

(3) Ⅳ 类 土

单位：$100m^3$

项目		单位	铲运距离 ≤100m	铲运距离 100～200m	铲运距离 200～300m	铲运距离 300～400m	铲运距离 400～500m
人工		工日	0.340	0.500	0.660	0.800	0.940
材料	零星材料费	%	10.000	10.000	10.000	10.000	10.000
机械	铲运机 $6\sim8m^3$	台班	0.300	0.430	0.550	0.680	0.810
	拖拉机 74kW	台班	0.300	0.430	0.550	0.680	0.810
	推土机 74kW	台班	0.030	0.040	0.060	0.070	0.090
定额编号			10234	10235	10236	10237	10238

注 铲运距离=(铲装距离+运土距离+空回距离)/2。

一-24　0.35m³ 挖掘机挖装土自卸汽车运输

适用范围：露天作业。

工作内容：挖装、运输、卸除、空回。

（1）Ⅰ、Ⅱ类土

单位：100m³

项目		单位	运距≤0.5km	运距1km	运距2km	运距3km	运距4km	运距5km	每增运1km
人工		工日	2.050	2.050	2.050	2.050	2.050	2.050	
材料	零星材料费	%	4.000	4.000	4.000	4.000	4.000	4.000	
机械	挖掘机 0.35m³	台班	0.230	0.230	0.230	0.230	0.230	0.230	
	推土机 59kW	台班	0.110	0.110	0.110	0.110	0.110	0.110	
	自卸汽车 3.5t	台班	2.300	2.680	3.400	4.050	4.680	5.030	0.370
	5t	台班	1.580	1.830	2.280	2.710	3.110	3.330	0.230
定额编号			10239	10240	10241	10242	10243	10244	10245

（2）Ⅲ 类 土

单位：$100m^3$

项目		单位	运距≤0.5km	运距1km	运距2km	运距3km	运距4km	运距5km	每增运1km
人工		工日	2.250	2.250	2.250	2.250	2.250	2.250	
材料	零星材料费	%	4.000	4.000	4.000	4.000	4.000	4.000	
机械	挖掘机 $0.35m^3$	台班	0.260	0.260	0.260	0.260	0.260	0.260	
	推土机 59kW	台班	0.120	0.120	0.120	0.120	0.120	0.120	
	自卸汽车 3.5t	台班	2.530	2.950	3.730	4.450	5.130	5.530	0.400
	5t	台班	1.730	2.010	2.510	2.980	3.420	3.670	0.260
定额编号			10246	10247	10248	10249	10250	10251	10252

（3）Ⅳ 类 土

单位：$100m^3$

项目		单位	运距≤0.5km	运距1km	运距2km	运距3km	运距4km	运距5km	每增运1km
人工		工日	2.450	2.450	2.450	2.450	2.450	2.450	
材料	零星材料费	%	4.000	4.000	4.000	4.000	4.000	4.000	
机械	挖掘机 $0.35m^3$	台班	0.280	0.280	0.280	0.280	0.280	0.280	
	推土机 59kW	台班	0.130	0.130	0.130	0.130	0.130	0.130	
	自卸汽车 3.5t	台班	2.750	3.220	4.070	4.850	5.590	6.030	0.430
	5t	台班	1.890	2.190	2.730	3.250	3.730	3.990	0.280
定额编号			10253	10254	10255	10256	10257	10258	10259

一-25 0.6m^3挖掘机挖装土自卸汽车运输

适用范围：露天作业。

工作内容：挖装、运输、卸除、空回。

(1) Ⅰ、Ⅱ类土

单位：100m^3

项目		单位	运距≤0.5km	运距1km	运距2km	运距3km	运距4km	运距5km	每增运1km
人工		工日	1.110	1.110	1.110	1.110	1.110	1.110	
材料	零星材料费	%	4.000	4.000	4.000	4.000	4.000	4.000	
机械	挖掘机 0.6m^3	台班	0.200	0.200	0.200	0.200	0.200	0.200	
	推土机 59kW	台班	0.090	0.090	0.090	0.090	0.090	0.090	
	自卸汽车 3.5t	台班	1.690	2.000	2.640	3.220	3.760	4.250	0.370
	5t	台班	1.160	1.370	1.780	2.150	2.500	2.830	0.230
	8t	台班	0.790	0.920	1.170	1.400	1.630	1.820	0.150
定额编号			10260	10261	10262	10263	10264	10265	10266

（2）Ⅲ 类 土

单位：$100m^3$

项目		单位	运距≤0.5km	运距1km	运距2km	运距3km	运距4km	运距5km	每增运1km
人工		工日	1.220	1.220	1.220	1.220	1.220	1.220	
材料	零星材料费	%	4.000	4.000	4.000	4.000	4.000	4.000	
机械	挖掘机 $0.6m^3$	台班	0.220	0.220	0.220	0.220	0.220	0.220	
	推土机 59kW	台班	0.100	0.100	0.100	0.100	0.100	0.100	
	自卸汽车 3.5t	台班	1.860	2.200	2.900	3.530	4.130	4.670	0.400
	5t	台班	1.280	1.500	1.950	2.370	2.750	3.090	0.260
	8t	台班	0.870	1.010	1.280	1.540	1.780	2.000	0.170
定额编号			10267	10268	10269	10270	10271	10272	10273

（3）Ⅳ 类 土

单位：100m³

项目		单位	运距≤0.5km	运距1km	运距2km	运距3km	运距4km	运距5km	每增运1km
人工		工日	1.290	1.290	1.290	1.290	1.290	1.290	
材料	零星材料费	%	4.000	4.000	4.000	4.000	4.000	4.000	
机械	挖掘机 0.6m³	台班	0.230	0.230	0.230	0.230	0.230	0.230	
	推土机 59kW	台班	0.110	0.110	0.110	0.110	0.110	0.110	
	自卸汽车 3.5t	台班	2.030	2.400	3.160	3.850	4.510	5.080	0.430
	5t	台班	1.390	1.630	2.130	2.580	3.000	3.370	0.280
	8t	台班	0.940	1.100	1.400	1.680	1.940	2.180	0.180
定额编号			10274	10275	10276	10277	10278	10279	10280

一-26 $1m^3$ 挖掘机挖装土自卸汽车运输

适用范围：露天作业。

工作内容：挖装、运输、卸除、空回。

（1）Ⅰ、Ⅱ类土

单位：$100m^3$

项目		单位	运距≤0.5km	运距1km	运距2km	运距3km	运距4km	运距5km	每增运1km
人工		工日	0.690	0.690	0.690	0.690	0.690	0.690	
材料	零星材料费	%	4.000	4.000	4.000	4.000	4.000	4.000	
机械	挖掘机 $1m^3$	台班	0.130	0.130	0.130	0.130	0.130	0.130	
	推土机 59kW	台班	0.070	0.070	0.070	0.070	0.070	0.070	
	自卸汽车 5t	台班	1.120	1.320	1.730	2.100	2.450	2.760	0.230
	8t	台班	0.740	0.880	1.130	1.360	1.580	1.780	0.150
	10t	台班	0.710	0.810	1.030	1.230	1.410	1.580	0.125
	12t	台班	0.650	0.760	0.940	1.150	1.320	1.460	0.110
定额编号			10281	10282	10283	10284	10285	10286	10287

(2) Ⅲ 类 土

单位：100m³

项目		单位	运距≤0.5km	运距1km	运距2km	运距3km	运距4km	运距5km	每增运1km
人工		工日	0.760	0.760	0.760	0.760	0.760	0.760	
材料	零星材料费	%	4.000	4.000	4.000	4.000	4.000	4.000	
机械	挖掘机 1m³	台班	0.150	0.150	0.150	0.150	0.150	0.150	
	推土机 59kW	台班	0.080	0.080	0.080	0.080	0.080	0.080	
	自卸汽车 5t	台班	1.230	1.450	1.890	2.310	2.690	3.030	0.260
	8t	台班	0.820	0.960	1.230	1.490	1.730	1.950	0.170
	10t	台班	0.780	0.890	1.130	1.340	1.550	1.730	0.140
	12t	台班	0.720	0.850	1.040	1.240	1.450	1.620	0.120
定额编号			10288	10289	10290	10291	10292	10293	10294

(3) Ⅳ类土

单位：100m³

项目		单位	运距≤0.5km	运距1km	运距2km	运距3km	运距4km	运距5km	每增运1km
人工		工日	0.820	0.820	0.820	0.820	0.820	0.820	
材料	零星材料费	%	4.000	4.000	4.000	4.000	4.000	4.000	
机械	挖掘机 1m³	台班	0.170	0.170	0.170	0.170	0.170	0.170	
	推土机 59kW	台班	0.090	0.090	0.090	0.090	0.090	0.090	
	自卸汽车 5t	台班	1.330	1.580	2.060	2.520	2.930	3.310	0.280
	8t	台班	0.890	1.040	1.340	1.630	1.890	2.130	0.180
	10t	台班	0.840	0.980	1.230	1.460	1.690	1.890	0.150
	12t	台班	0.780	0.930	1.150	1.360	1.580	1.780	0.130
定额编号			10295	10296	10297	10298	10299	10300	10301

一-27　$2m^3$ 挖掘机挖装土自卸汽车运输

适用范围：露天作业。

工作内容：挖装、运输、卸除、空回。

(1) Ⅰ、Ⅱ类土

单位：$100m^3$

项目		单位	运距 ≤0.5km	运距 1km	运距 2km	运距 3km	运距 4km	运距 5km	每增运 1km
人工		工日	0.480	0.480	0.480	0.480	0.480	0.480	
材料	零星材料费	%	4.000	4.000	4.000	4.000	4.000	4.000	
机械	挖掘机 $2m^3$	台班	0.080	0.080	0.080	0.080	0.080	0.080	
	推土机 59kW	台班	0.040	0.040	0.040	0.040	0.040	0.040	
	自卸汽车 8t	台班	0.690	0.820	1.080	1.310	1.530	1.740	0.160
	10t	台班	0.630	0.740	0.970	1.160	1.350	1.530	0.135
	12t	台班	0.580	0.680	0.870	1.040	1.210	1.360	0.120
	15t	台班	0.480	0.560	0.720	0.850	0.980	1.100	0.090
	18t	台班	0.453	0.510	0.630	0.750	0.870	0.970	0.083
	20t	台班	0.417	0.470	0.580	0.700	0.800	0.880	0.076
定额编号			10302	10303	10304	10305	10306	10307	10308

（2）Ⅲ 类 土

单位：100m³

项目		单位	运距≤0.5km	运距1km	运距2km	运距3km	运距4km	运距5km	每增运1km
人工		工日	0.530	0.530	0.530	0.530	0.530	0.530	
材料	零星材料费	%	4.000	4.000	4.000	4.000	4.000	4.000	
机械	挖掘机 $2m^3$	台班	0.090	0.090	0.090	0.090	0.090	0.090	
	推土机 59kW	台班	0.050	0.050	0.050	0.050	0.050	0.050	
	自卸汽车 8t	台班	0.760	0.900	1.180	1.440	1.680	1.920	0.170
	10t	台班	0.700	0.820	1.060	1.280	1.480	1.680	0.145
	12t	台班	0.640	0.740	0.960	1.160	1.340	1.520	0.130
	15t	台班	0.530	0.620	0.780	0.930	1.080	1.210	0.100
	18t	台班	0.490	0.560	0.700	0.830	0.950	1.070	0.090
	20t	台班	0.450	0.520	0.650	0.770	0.880	0.980	0.080
定额编号			10309	10310	10311	10312	10313	10314	10315

(3) Ⅳ 类 土

单位：100m³

项目		单位	运距≤0.5km	运距1km	运距2km	运距3km	运距4km	运距5km	每增运1km
人工		工日	0.580	0.580	0.580	0.580	0.580	0.580	
材料	零星材料费	%	4.000	4.000	4.000	4.000	4.000	4.000	
机械	挖掘机 2m³	台班	0.100	0.100	0.100	0.100	0.100	0.100	
	推土机 59kW	台班	0.060	0.060	0.060	0.060	0.060	0.060	
	自卸汽车 8t	台班	0.830	0.980	1.290	1.580	1.830	2.090	0.190
	10t	台班	0.770	0.890	1.150	1.390	1.620	1.830	0.160
	12t	台班	0.700	0.810	1.050	1.270	1.470	1.660	0.140
	15t	台班	0.580	0.680	0.850	1.020	1.180	1.320	0.120
	18t	台班	0.530	0.610	0.770	0.900	1.030	1.170	0.110
	20t	台班	0.490	0.560	0.710	0.830	0.950	1.070	0.100
定额编号			10316	10317	10318	10319	10320	10321	10322

一-28　0.6m^3 挖掘机挖装自卸汽车运淤泥、流砂

适用范围：露天作业、自然状态淤泥流砂。

工作内容：挖装、运输、卸除、空回。

单位：100m^3

项目		单位	运距≤0.5km	运距1km	运距2km	运距3km	运距4km	运距5km	每增运1km
人工		工日	2.490	2.490	2.490	2.490	2.490	2.490	
材料	零星材料费	%	5.000	5.000	5.000	5.000	5.000	5.000	
机械	挖掘机 0.6m^3	台班	0.380	0.380	0.380	0.380	0.380	0.380	
	自卸汽车 5t	台班	1.790	2.030	2.490	2.930	3.330	3.630	0.310
	8t	台班	1.190	1.340	1.630	1.900	2.170	2.360	0.200
定额编号			10323	10324	10325	10326	10327	10328	10329

一-29 1m³ 挖掘机挖装自卸汽车运淤泥、流砂

适用范围：露天作业、自然状态淤泥流砂。

工作内容：挖装、运输、卸除、空回。

单位：100m³

项目		单位	运距≤0.5km	运距1km	运距2km	运距3km	运距4km	运距5km	每增运1km
人工		工日	1.210	1.210	1.210	1.210	1.210	1.210	
材料	零星材料费	%	5.000	5.000	5.000	5.000	5.000	5.000	
机械	挖掘机 1m³	台班	0.250	0.250	0.250	0.250	0.250	0.250	
	自卸汽三 5t	台班	1.730	1.950	2.420	2.840	3.240	3.540	0.310
	8t	台班	1.150	1.290	1.580	1.850	2.110	2.300	0.200
	10t	台班	1.090	1.200	1.450	1.670	1.890	2.060	0.170
定额编号			10330	10331	10332	10333	10334	10335	10336

一-30　$1m^3$ 装载机挖装土自卸汽车运输

适用范围：露天作业。

工作内容：挖装、运输、卸除、空回。

（1）Ⅰ、Ⅱ类土

单位：$100m^3$

项目		单位	运距 ≤0.5km	运距 1km	运距 2km	运距 3km	运距 4km	运距 5km	每增运 1km
人工		工日	0.870	0.870	0.870	0.870	0.870	0.870	
材料	零星材料费	%	3.000	3.000	3.000	3.000	3.000	3.000	
机械	装载机 $1m^3$	台班	0.220	0.220	0.220	0.220	0.220	0.220	
	推土机 59kW	台班	0.120	0.120	0.120	0.120	0.120	0.120	
	自卸汽车 5t	台班	1.140	1.330	1.730	2.080	2.410	2.640	0.230
	8t	台班	0.840	0.970	1.230	1.460	1.680	1.830	0.150
	10t	台班	0.800	0.900	1.160	1.390	1.600	1.750	0.125
定额编号			10337	10338	10339	10340	10341	10342	10343

（2）Ⅲ　类　土

单位：100m³

项　　目		单位	运距≤0.5km	运距1km	运距2km	运距3km	运距4km	运距5km	每增运1km
人　　工		工日	0.950	0.950	0.950	0.950	0.950	0.950	
材料	零星材料费	%	3.000	3.000	3.000	3.000	3.000	3.000	
机械	装载机 1m³	台班	0.240	0.240	0.240	0.240	0.240	0.240	
	推土机 59kW	台班	0.130	0.130	0.130	0.130	0.130	0.130	
	自卸汽车 5t	台班	1.250	1.470	1.890	2.280	2.650	2.990	0.260
	8t	台班	0.930	1.060	1.340	1.600	1.840	2.060	0.170
	10t	台班	0.880	0.990	1.270	1.510	1.750	1.972	0.140
定　额　编　号			10344	10345	10346	10347	10348	10349	10350

（3）Ⅴ 类 土

单位：100m³

项目		单位	运距≤0.5km	运距1km	运距2km	运距3km	运距4km	运距5km	每增运1km
人工		工日	1.040	1.040	1.040	1.040	1.040	1.040	
材料	零星材料费	%	3.000	3.000	3.000	3.000	3.000	3.000	
机械	装载机 1m³	台班	0.270	0.270	0.270	0.270	0.270	0.270	
	推土机 59kW	台班	0.140	0.140	0.140	0.140	0.140	0.140	
	自卸汽车 5t	台班	1.370	1.600	2.060	2.490	2.890	3.170	0.280
	8t	台班	1.010	1.150	1.460	1.740	2.010	2.180	0.180
	10t	台班	0.950	1.080	1.370	1.650	1.910	2.095	0.150
定额编号			10351	10352	10353	10354	10355	10356	10357

一-31　1.5m³装载机挖装土自卸汽车运输

适用范围：露天作业。

工作内容：挖装、运输、卸除、空回。

（1）Ⅰ、Ⅱ类土

单位：100m³

项目		单位	运距≤0.5km	运距1km	运距2km	运距3km	运距4km	运距5km	每增运1km
人工		工日	0.650	0.650	0.650	0.650	0.650	0.650	
材料	零星材料费	%	3.000	3.000	3.000	3.000	3.000	3.000	
机械	装载机 1.5m³	台班	0.160	0.160	0.160	0.160	0.160	0.160	
	推土机 59kW	台班	0.080	0.080	0.080	0.080	0.080	0.080	
	自卸汽车 8t	台班	0.770	0.890	1.150	1.390	1.610	1.810	0.200
	10t	台班	0.710	0.810	1.030	1.230	1.420	1.580	0.165
	12t	台班	0.650	0.750	0.940	1.120	1.300	1.450	0.140
	15t	台班	0.550	0.630	0.820	0.980	1.128	1.265	0.120
定额编号			10358	10359	10360	10361	10362	10363	10364

（2）Ⅲ 类 土

单位：$100m^3$

项目		单位	运距≤0.5km	运距1km	运距2km	运距3km	运距4km	运距5km	每增运1km
人工		工日	0.710	0.710	0.710	0.710	0.710	0.710	
材料	零星材料费	%	3.000	3.000	3.000	3.000	3.000	3.000	
机械	装载机 $1.5m^3$	台班	0.180	0.180	0.180	0.180	0.180	0.180	
	推土机 59kW	台班	0.090	0.090	0.090	0.090	0.090	0.090	
	自卸汽车 8t	台班	0.840	0.980	1.270	1.530	1.770	1.980	0.220
	10t	台班	0.780	0.890	1.130	1.350	1.560	1.740	0.180
	12t	台班	0.720	0.830	1.040	1.230	1.420	1.580	0.160
	15t	台班	0.600	0.690	0.893	1.070	1.240	1.390	0.130
定额编号			10365	10366	10367	10368	10369	10370	10371

(3) Ⅳ 类 土

单位：$100m^3$

项目		单位	运距≤0.5km	运距1km	运距2km	运距3km	运距4km	运距5km	每增运1km
人工		工日	0.770	0.770	0.770	0.770	0.770	0.770	
材料	零星材料费	%	3.000	3.000	3.000	3.000	3.000	3.000	
机械	装载机 1.5m^3	台班	0.200	0.200	0.200	0.200	0.200	0.200	
	推土机 59kW	台班	0.100	0.100	0.100	0.100	0.100	0.100	
	自卸汽车 8t	台班	0.920	1.080	1.380	1.660	1.930	2.160	0.240
	10t	台班	0.840	0.980	1.230	1.480	1.700	1.910	0.200
	12t	台班	0.780	0.900	1.130	1.360	1.560	1.730	0.175
	15t	台班	0.650	0.770	0.975	1.140	1.350	1.513	0.150
定额编号			10372	10373	10374	10375	10376	10377	10378

一-32 2m³装载机挖装土自卸汽车运输

适用范围：露天作业。

工作内容：挖装、运输、卸除、空回。

（1）Ⅰ、Ⅱ类土

单位：100m³

项目		单位	运距≤0.5km	运距1km	运距2km	运距3km	运距4km	运距5km	每增运1km
人工		工日	0.510	0.510	0.510	0.510	0.510	0.510	
材料	零星材料费	%	3.000	3.000	3.000	3.000	3.000	3.000	
机械	装载机 2m³	台班	0.130	0.130	0.130	0.130	0.130	0.130	
	推土机 59kW	台班	0.070	0.070	0.070	0.070	0.070	0.070	
	自卸汽车 8t	台班	0.730	0.870	1.120	1.350	1.570	1.740	0.140
	10t	台班	0.680	0.780	1.000	1.200	1.390	1.530	0.110
	12t	台班	0.640	0.720	0.920	1.110	1.270	1.360	0.093
	15t	台班	0.490	0.590	0.760	0.910	1.050	1.170	0.080
定额编号			10379	10380	10381	10382	10383	10384	10385

(2) Ⅲ 类 土

单位：$100m^3$

项目		单位	运距≤0.5km	运距1km	运距2km	运距3km	运距4km	运距5km	每增运1km
人工		工日	0.560	0.560	0.560	0.560	0.560	0.560	
材料	零星材料费	%	3.000	3.000	3.000	3.000	3.000	3.000	
机械	装载机 $2m^3$	台班	0.150	0.150	0.150	0.150	0.150	0.150	
	推土机 59kW	台班	0.080	0.080	0.080	0.080	0.080	0.080	
	自卸汽车 8t	台班	0.840	0.980	1.260	1.500	1.750	1.960	0.180
	10t	台班	0.760	0.880	1.120	1.340	1.550	1.730	0.140
	12t	台班	0.720	0.830	1.040	1.240	1.430	1.590	0.120
	15t	台班	0.560	0.650	0.830	1.000	1.170	1.310	0.093
定额编号			10386	10387	10388	10389	10390	10391	10392

(3) Ⅳ 类 土

单位：100m³

项目		单位	运距≤0.5km	运距1km	运距2km	运距3km	运距4km	运距5km	每增运1km
人工		工日	0.610	0.610	0.610	0.610	0.610	0.610	
材料	零星材料费	%	3.000	3.000	3.000	3.000	3.000	3.000	
机械	装载机 2m³	台班	0.170	0.170	0.170	0.170	0.170	0.170	
	推土机 59kW	台班	0.090	0.090	0.090	0.090	0.090	0.090	
	自卸汽车 8t	台班	0.920	1.070	1.370	1.640	1.900	2.080	0.190
	10t	台班	0.830	0.950	1.220	1.450	1.680	1.830	0.150
	12t	台班	0.780	0.900	1.130	1.340	1.550	1.680	0.130
	15t	台班	0.630	0.720	0.920	1.105	1.260	1.360	0.110
定额编号			10393	10394	10395	10396	10397	10398	10399

一-33 3m³ 装载机挖装土自卸汽车运输

适用范围：露天作业。

工作内容：挖装、运输、卸除、空回。

(1) Ⅰ、Ⅱ类土

单位：$100m^3$

项目		单位	运距 ≤0.5km	运距 1km	运距 2km	运距 3km	运距 4km	运距 5km	每增运 1km
人工		工日	0.360	0.360	0.360	0.360	0.360	0.360	
材料	零星材料费	%	3.000	3.000	3.000	3.000	3.000	3.000	
机械	装载机 3m³	台班	0.080	0.080	0.080	0.080	0.080	0.080	
	推土机 88kW	台班	0.040	0.040	0.040	0.040	0.040	0.040	
	自卸汽车 12t	台班	0.610	0.690	0.880	1.050	1.240	1.380	0.140
	15t	台班	0.500	0.580	0.740	0.880	1.060	1.190	0.120
	18t	台班	0.450	0.520	0.650	0.790	0.960	1.060	0.110
	20t	台班	0.400	0.465	0.585	0.710	0.870	0.990	0.100
定额编号			10400	10401	10402	10403	10404	10405	10406

（2）Ⅲ 类 土

单位：$100m^3$

项目		单位	运距≤0.5km	运距1km	运距2km	运距3km	运距4km	运距5km	每增运1km
人工		工日	0.390	0.390	0.390	0.390	0.390	0.390	
材料	零星材料费	%	3.000	3.000	3.000	3.000	3.000	3.000	
机械	装载机 $3m^3$	台班	0.090	0.090	0.090	0.090	0.090	0.090	
	推土机 88kW	台班	0.050	0.050	0.050	0.050	0.050	0.050	
	自卸汽车 12t	台班	0.670	0.780	0.990	1.180	1.350	1.510	0.170
	15t	台班	0.570	0.660	0.850	1.010	1.170	1.300	0.140
	18t	台班	0.510	0.590	0.770	0.920	1.060	1.190	0.120
	20t	台班	0.460	0.535	0.690	0.830	0.960	1.090	0.110
定额编号			10407	10408	10409	10410	10411	10412	10413

（3）Ⅳ 类 土

单位：$100m^3$

项目		单位	运距≤0.5km	运距1km	运距2km	运距3km	运距4km	运距5km	每增运1km
人工		工日	0.430	0.430	0.430	0.430	0.430	0.430	
材料	零星材料费	%	3.000	3.000	3.000	3.000	3.000	3.000	
机械	装载机 $3m^3$	台班	0.100	0.100	0.100	0.100	0.100	0.100	
	推土机 38kW	台班	0.060	0.060	0.060	0.060	0.060	0.060	
	自卸汽车 12t	台班	0.730	0.850	1.070	1.290	1.470	1.650	0.190
	15t	台班	0.620	0.730	0.920	1.110	1.270	1.430	0.150
	18t	台班	0.550	0.660	0.830	1.010	1.150	1.310	0.130
	20t	台班	0.500	0.600	0.750	0.920	1.040	1.190	0.115
定额编号			10414	10415	10416	10417	10418	10419	10420

一-34　55kW 推土机推土

工作内容：推松、运送、卸除、拖平、空回。

(1) Ⅰ、Ⅱ 类 土

单位：100m³

项目		单位	推土距离≤20m	推土距离40m	推土距离60m	推土距离80m	推土距离100m
人工		工日	0.490	0.800	1.130	1.490	1.870
材料	零星材料费	%	5.000	5.000	5.000	5.000	5.000
机械	推土机 55kW	台班	0.440	0.720	1.020	1.340	1.680
定额编号			10421	10422	10423	10424	10425

(2) Ⅲ 类 土

单位：100m³

项目		单位	推土距离≤20m	推土距离40m	推土距离60m	推土距离80m	推土距离100m
人工		工日	0.490	0.800	1.130	1.490	1.870
材料	零星材料费	%	5.000	5.000	5.000	5.000	5.000
机械	推土机 55kW	台班	0.480	0.790	1.120	1.470	1.850
定额编号			10426	10427	10428	10429	10430

(3) Ⅳ 类 土

单位：100m³

项目		单位	推土距离≤20m	推土距离40m	推土距离60m	推土距离80m	推土距离100m
人工		工日	0.490	0.800	1.130	1.490	1.870
材料	零星材料费	%	5.000	5.000	5.000	5.000	5.000
机械	推土机 55kW	台班	0.530	0.860	1.220	1.600	2.020
定额编号			10431	10432	10433	10434	10435

一-35 74kW推土机推土

工作内容：推松、运送、卸除、拖平、空回。

(1) Ⅰ、Ⅱ类土

单位：100m^3

项目		单位	推土距离≤20m	推土距离40m	推土距离60m	推土距离80m	推土距离100m
人工		工日	0.190	0.310	0.430	0.580	0.720
材料	零星材料费	%	5.000	5.000	5.000	5.000	5.000
机械	推土机 74kW	台班	0.190	0.300	0.410	0.540	0.670
定额编号			10436	10437	10438	10439	10440

(2) Ⅲ类土

单位：100m^3

项目		单位	推土距离≤20m	推土距离40m	推土距离60m	推土距离80m	推土距离100m
人工		工日	0.190	0.310	0.430	0.580	0.720
材料	零星材料费	%	5.000	5.000	5.000	5.000	5.000
机械	推土机 74kW	台班	0.200	0.320	0.450	0.590	0.730
定额编号			10441	10442	10443	10444	10445

(3) Ⅳ类土

单位：100m^3

项目		单位	推土距离≤20m	推土距离40m	推土距离60m	推土距离80m	推土距离100m
人工		工日	0.190	0.310	0.430	0.580	0.720
材料	零星材料费	%	5.000	5.000	5.000	5.000	5.000
机械	推土机 74kW	台班	0.220	0.350	0.490	0.640	0.800
定额编号			10446	10447	10448	10449	10450

一-36　88kW推土机推土

工作内容：推松、运送、卸除、拖平、空回。

(1) Ⅰ、Ⅱ类土

单位：100m³

项目		单位	推土距离≤20m	推土距离40m	推土距离60m	推土距离80m	推土距离100m
人工		工日	0.170	0.270	0.400	0.510	0.660
材料	零星材料费	%	5.000	5.000	5.000	5.000	5.000
机械	推土机 88kW	台班	0.170	0.270	0.370	0.490	0.610
定额编号			10451	10452	10453	10454	10455

(2) Ⅲ类土

单位：100m³

项目		单位	推土距离≤20m	推土距离40m	推土距离60m	推土距离80m	推土距离100m
人工		工日	0.170	0.270	0.400	0.510	0.660
材料	零星材料费	%	5.000	5.000	5.000	5.000	5.000
机械	推土机 88kW	台班	0.180	0.290	0.400	0.530	0.670
定额编号			10456	10457	10458	10459	10460

(3) Ⅳ类土

单位：100m³

项目		单位	推土距离≤20m	推土距离40m	推土距离60m	推土距离80m	推土距离100m
人工		工日	0.170	0.270	0.400	0.510	0.660
材料	零星材料费	%	5.000	5.000	5.000	5.000	5.000
机械	推土机 88kW	台班	0.200	0.310	0.440	0.580	0.720
定额编号			10461	10462	10463	10464	10465

一-37 103kW推土机推土

工作内容：推松、运送、卸除、拖平、空回。

(1) Ⅰ、Ⅱ类土

单位：$100m^3$

项目		单位	推土距离≤20m	推土距离40m	推土距离60m	推土距离80m	推土距离100m
人工		工日	0.140	0.240	0.330	0.440	0.560
材料	零星材料费	%	5.000	5.000	5.000	5.000	5.000
机械	推土机 103kW	台班	0.140	0.220	0.310	0.410	0.520
定额编号			10466	10467	10468	10469	10470

(2) Ⅲ类土

单位：$100m^3$

项目		单位	推土距离≤20m	推土距离40m	推土距离60m	推土距离80m	推土距离100m
人工		工日	0.140	0.240	0.330	0.440	0.560
材料	零星材料费	%	5.000	5.000	5.000	5.000	5.000
机械	推土机 103kW	台班	0.150	0.240	0.340	0.450	0.570
定额编号			10471	10472	10473	10474	10475

(3) Ⅳ类土

单位：$100m^3$

项目		单位	推土距离≤20m	推土距离40m	推土距离60m	推土距离80m	推土距离100m
人工		工日	0.140	0.240	0.330	0.440	0.560
材料	零星材料费	%	5.000	5.000	5.000	5.000	5.000
机械	推土机 103kW	台班	0.160	0.260	0.370	0.490	0.620
定额编号			10476	10477	10478	10479	10480

一-38 118kW推土机推土

工作内容：推松、运送、卸除、拖平、空回。

（1）Ⅰ、Ⅱ类土

单位：100m³

项目		单位	推土距离≤20m	推土距离40m	推土距离60m	推土距离80m	推土距离100m
人工		工日	0.140	0.220	0.300	0.400	0.540
材料	零星材料费	%	5.000	5.000	5.000	5.000	5.000
机械	推土机 118kW	台班	0.130	0.200	0.280	0.370	0.460
定额编号			10481	10482	10483	10484	10485

（2）Ⅲ类土

单位：100m³

项目		单位	推土距离≤20m	推土距离40m	推土距离60m	推土距离80m	推土距离100m
人工		工日	0.140	0.220	0.300	0.400	0.540
材料	零星材料费	%	5.000	5.000	5.000	5.000	5.000
机械	推土机 118kW	台班	0.140	0.220	0.310	0.410	0.510
定额编号			10486	10487	10488	10489	10490

（3）Ⅳ类土

单位：100m³

项目		单位	推土距离≤20m	推土距离40m	推土距离60m	推土距离80m	推土距离100m
人工		工日	0.140	0.220	0.300	0.400	0.540
材料	零星材料费	%	5.000	5.000	5.000	5.000	5.000
机械	推土机 118kW	台班	0.150	0.240	0.340	0.440	0.560
定额编号			10491	10492	10493	10494	10495

一-39 推土机平整场地、清理表层土

适用范围：坡度5°～30°，厚度30cm以内的表土清理、场地平整。

工作内容：推土机推土、平整、堆放。

单位：100m²

项目		单位	土类级别		
			Ⅰ～Ⅱ	Ⅲ	Ⅳ
人工		工日	0.150	0.150	0.150
材料	零星材料费	%	15.000	15.000	15.000
机械	推土机 55kW	台班	0.140	0.150	0.160
	59kW	台班	0.120	0.134	0.144
	74kW	台班	0.090	0.098	0.107
	88kW	台班	0.075	0.081	0.087
定额编号			10496	10497	10498

一-40 胶带机运土

适用范围：一般土方运输。

工作内容：操作、检查、下料、清理胶带机和移动等。

单位：100m³

项目		单位	土类级别		
			黏土	一般土料	砂砾土
人工		工日	0.450	0.300	0.230
材料	零星材料费	%	5.000	5.000	5.000
机械	胶带输送机 带宽 500mm	台班	0.270	0.210	0.210
	650mm	台班	0.220	0.170	0.170
	800mm	台班	0.170	0.140	0.140
	1000mm	台班	0.140	0.120	0.110
定额编号			10499	10500	10501

注 胶带机长度按运距选配。

一-41 土方松动爆破

工作内容：掏眼、装药、填塞、爆破、检查及安全处理。

单位：100m³

项目		单位	土类级别	
			砂礓石土	风化岩土
人工		工日	2.240	3.760
材料	炸药	kg	12.720	14.300
	雷管	个	17.550	30.000
	导线	m	59.000	100.000
	其他材料费	%	1.000	1.000
定额编号			10502	10503

一-42 土料翻晒

(1) 不拢堆

适用范围：土料含水量大，在填筑工作面翻晒。

工作内容：犁土、耙碎、翻晒。

单位：100m³

项目		单位	数量
人工		工日	0.310
材料	零星材料费	%	5.000
机械	犁 无头 三铧	台班	0.140
	拖拉机 59kW	台班	0.140
	缺口耙 无头	台班	0.270
	拖拉机 55kW	台班	0.270
定额编号			10504

(2) 拢　　堆

适用范围：土料含水量大，在料场翻晒堆存。

工作内容：犁土、耙碎、翻晒、拢堆集料。

单位：100m³

项目		单位	数量
人工		工日	2.840
材料	零星材料费	%	5.000
机械	犁 无头 三铧	台班	0.130
	拖拉机 59kW	台班	0.130
	缺口耙 无头	台班	0.250
	拖拉机 55kW	台班	0.250
	推土机 59kW	台班	0.250
定额编号			10505

一-43 建筑物土石料回填

适用范围：机械施工；建筑物基础换填，垫层、箱体内土石料回填。

工作内容：1. 松填：铺筑整平。

2. 夯填：铺筑整平、洒水、夯实。

单位：100m³ 实方

项目		单位	土料		石渣		砂砾料		碎（卵）石		砂	
			松填	夯填	松填	夯填	松填	夯填	松填	夯填	松填	夯填
人工		工日	1.640	2.420	3.280	4.100	2.460	3.280	2.460	3.280	2.460	3.280
材料	土料	m³	78.000	118.000								
	石渣	m³			67.000	77.000						
	碎（卵）石	m³							102.000	112.000		
	砂砾料	m³					102.000	114.000				
	砂	m³									102.000	116.000
	零星材料费	%	1.000	1.000	1.000	1.000	1.000	1.000	1.000	1.000	1.000	1.000
机械	推土机 74kW	台班	0.070	0.170	0.070	0.150	0.080	0.150	0.080	0.150	0.080	0.150
	蛙式打夯机 2.8kW	台班		2.080		1.000		1.000		1.000		1.000
定额编号			10506	10507	10508	10509	10510	10511	10512	10513	10514	10515

注 本定额中的土料、石渣单位为自然方，砂砾料、碎（卵）石、砂单位为堆方。

一-44 羊脚碾压实

适用范围：坝体、堤防土料，拖拉机牵引羊脚碾压实。

工作内容：推平、刨毛、压实、削坡、洒水、补边夯、辅助工作。

单位：100m³ 实方

项目		单位	土料 干密度 ≤16.67kN/m³	土料 干密度 >16.67kN/m³
人工		工日	2.300	2.550
材料	零星材料费	%	5.000	5.000
机械	羊脚碾 5～7t 拖拉机 59kW	组班	0.230	0.300
	8～12t 拖拉机 74kW	组班	0.210	0.270
	推土机 74kW	台班	0.070	0.070
	蛙式打夯机 2.8kW	台班	0.140	0.140
	刨毛机	台班	0.070	0.070
	其他机械费	%	1.000	1.000
定额编号			10516	10517

注 两组"羊脚碾、拖拉机"只能选择其中一组。

一-45 轮胎碾压实

适用范围：坝体、堤防土料，拖拉机牵引羊脚碾压实。

工作内容：推平、刨毛、压实、削坡、洒水、补边夯、辅助工作。

单位：100m³ 实方

项目		单位	土料 干密度 ≤16.67kN/m³	土料 干密度 >16.67kN/m³
人工		工日	2.070	2.310
材料	零星材料费	%	5.000	5.000
机械	轮胎碾 9～16t 拖拉机 74kW	组班	0.140	0.190
	推土机 74kW	台班	0.070	0.070
	蛙式打夯机 2.8kW	台班	0.140	0.140
	刨毛机	台班	0.070	0.070
	其他机械费	%	1.000	1.000
定额编号			10518	10519

一-46 履带拖拉机压实

适用范围：坝体土料、堤防土料、砂石料、反滤料，履带拖拉机压实。

工作内容：推平、压实、修坡、洒水、补边夯、辅助工作。

单位：100m³ 实方

项目		单位	土料		砂砾料	反滤料、垫层料
			干密度≤16.67kN/m³	干密度>16.67kN/m³		
人工		工日	2.030	2.390	2.030	2.130
材料	零星材料费	%	5.000	5.000	5.000	5.000
机械	拖拉机 74kW	台班	0.270	0.340	0.110	0.140
	推土机 74kW	台班	0.070	0.070	0.070	0.070
	蛙式打夯机 2.8kW	台班	0.140	0.140	0.140	0.140
	刨毛机	台班	0.070	0.070		
	其他机械费	%	1.000	1.000	1.000	1.000
定额编号			10520	10521	10522	10523

一-47 振动碾压实

适用范围：坝体及堤防土料，自行式凸块振动碾压实；坝体砂石料、反滤料、堆石，非自行式振动碾压实。

工作内容：推平、刨毛、压实、修坡、洒水、补边夯、辅助工作等。

单位：$100m^3$ 实方

项目		单位	土料		砂砾料、堆石料	反滤料、过渡料
			干密度≤16.67kN/m^3	干密度>16.67kN/m^3		
人工		工日	2.020	2.120	1.700	1.800
材料	零星材料费	%	5.000	5.000	5.000	5.000
机械	凸块振动碾 13.5t	台班	0.110	0.140		
	振动碾拖式 13～14t 拖拉机 74kW	组班			0.050	0.080
	推土机 74kW	台班	0.070	0.070	0.070	0.070
	蛙式打夯机 2.8kW	台班	0.140	0.140	0.140	0.140
	刨毛机	台班	0.070	0.070		
	其他机械费	%	1.000	1.000	1.000	1.000
定额编号			10524	10525	10526	10527

一-48 斜坡碾压垫层料

适用范围：垫层料斜坡碾压，厚度小于35cm。

工作内容：削坡、修整、机械压实。

单位：$100m^2$

项目		单位	数量
人工		工日	6.960
材料	零星材料费	%	1.000
机械	挖掘机 $1m^3$	台班	0.120
	振动碾 斜坡拖式 10t	台班	0.120
	拖拉机 74kW	台班	0.120
	其他机械费	%	1.000
定额编号			10528

一-49 机械压实灰土垫层

(1) 压路机压实

工作内容：灰土拌和、铺设、找平、分层压实。

单位：$100m^3$ 实方

项目		单位	灰：土	
			2∶8	3∶7
人工		工日	81.600	77.400
材料	石灰	t	16.370	24.560
	黏土	m^3	132.500	116.400
	水	m^3	20.200	20.200
	其他材料费	%	1.000	1.000
机械	内燃压路机 6～8t	台班	5.880	5.880
	挖掘机 $1m^3$	台班	0.033	0.033
	其他机械费	%	1.000	1.000
定额编号			10529	10530

(2) 蛙式打夯机压实

单位：100m³ 实方

项目		单位	灰：土 2：8	灰：土 3：7
人工		工日	50.220	50.220
材料	石灰	t	16.370	24.560
	黏土	m^3	132.500	116.400
	水	m^3	20.200	20.200
	其他材料费	%	1.000	1.000
机械	蛙式打夯机 2.8kW	台班	4.400	4.400
	挖掘机 $1m^3$	台班	0.033	0.033
	其他机械费	%	1.000	1.000
定额编号			10531	10532

一-50 混合料填筑

工作内容：拌制、整平、洒水、碾压。

单位：1000m²

项目		单位	水泥稳定土 厚度 15cm	水泥稳定土 厚度每增（减）1cm	水泥、砂、碎石 水泥含量5% 厚度 15cm	水泥、砂、碎石 水泥含量5% 厚度每增（减）1cm
人工		工日	17.200	0.800	13.200	0.500
材料	水泥	t	13.520	0.900	15.910	1.060
	黏土	m^3	182.170	12.140		
	碎石	m^3			135.540	9.040
	砂	m^3			70.550	4.700
	其他材料费	%	1.000		1.000	
机械	平地机 118kW	台班	0.310		0.310	
	内燃压路机 6～8t	台班	0.230		0.230	
	内燃压路机 12～15t	台班	1.060		1.060	
	混凝土搅拌机 $0.4m^3$	台班	0.240	0.020	0.240	0.020
	洒水车 容量 $4.8m^3$	台班	0.740	0.030	0.630	0.030
	其他机械费	%	1.000		1.000	
定额编号			10533	10534	10535	10536

一-51　人工夯实回填土

适用范围：小面积回填土夯实。

工作内容：清除杂物、夯实。

单位：100m³ 实方

项　　目		单位	木石夯	石鼓夯
			干密度≤16.67kN/m³	
人　　工		工日	28.340	19.260
材料	零星材料费	%	6.000	6.000
定　额　编　号			10537	10538

一-52　推土机压实

适用范围：一般土石料回填压实。

工作内容：推平、压实。

单位：100m³ 实方

项　　目		单位	土料（干密度≤16.67kN/m³）	砂砾料	石渣
人　　工		工日	0.650	0.650	0.650
材料	零星材料费	%	5.000	5.000	5.000
机械	推土机 88kW	台班	0.270	0.190	0.220
	103kW	台班	0.220	0.160	0.180
	118kW	台班	0.180	0.130	0.140
	132kW	台班	0.160	0.110	0.120
	162kW	台班	0.120	0.080	0.090
	蛙式打夯机 2.8kW	台班	0.140	0.100	0.100
定　额　编　号			10539	10540	10541

一-53 压路机压实

适用范围：路基、堤防等填筑的砂石料、石渣压实。

工作内容：推平、压实、洒水、补边夯、辅助工作。

单位：100m³ 实方

项目		单位	土料	砂砾料	石渣
人工		工日	1.140	1.040	1.140
材料	零星材料费	%	3.000	3.000	3.000
机械	内燃压路机 12～15t	台班	0.380	0.150	0.200
	推土机 74kW	台班	0.070	0.070	0.070
	蛙式打夯机 2.8kW	台班	0.140	0.140	0.140
	刨毛机	台班	0.070		
定额编号			10542	10543	10544

一-54 现状土压实

适用范围：原土表面夯实。

工作内容：平整地面，夯实。

单位：100m²

项目		单位	人工		蛙式打夯机	
			地面	坑槽	地面	坑槽
人工		工日	3.500	7.000	1.000	1.800
材料	零星材料费	%	5.000	5.000	5.000	5.000
机械	蛙式打夯机 2.8kW	台班			0.210	0.350
定额编号			10545	10546	10547	10548

一-55 基础强夯

工作内容：机具准备、按设计要求布置锤位线，夯击、夯锤位移、施工场地平整、资料记载。

(1) 夯击能≤1000kN·m

单位：100m²

项目		单位	≤7 夯点		≤4 夯点		低锤满拍
			4 击	每增（减）1 击	4 击	每增（减）1 击	
人工		工日	2.300	0.230	1.800	0.180	5.400
机械	强夯机械 1200kN·m	台班	0.260	0.300	0.150	0.020	0.450
	推土机 135kW	台班	0.180	0.200	0.100	0.010	0.310
定额编号			10549	10550	10551	10552	10553

(2) 夯击能≤2000kN·m

单位：100m²

项目		单位	≤7 夯点		≤4 夯点		低锤满拍
			4 击	每增（减）1 击	4 击	每增（减）1 击	
人工		工日	3.100	0.310	2.500	0.250	6.700
机械	强夯机械 2000kN·m	台班	0.350	0.040	0.200	0.020	0.600
	推土机 135kW	台班	0.240	0.020	0.140	0.010	0.410
定额编号			10554	10555	10556	10557	10558

（3）夯击能≤3000kN·m

单位：100m²

项目		单位	≤7 夯点		≤4 夯点		低锤满拍
			4 击	每增（减）1 击	4 击	每增（减）1 击	
人工		工日	3.400	0.340	2.700	0.270	6.400
机械	强夯机械 3000kN·m	台班	0.410	0.040	0.230	0.020	0.700
	推土机 135kW	台班	0.290	0.030	0.160	0.020	0.490
定额编号			10559	10560	10561	10562	10563

（4）夯击能≤4000kN·m

单位：100m²

项目		单位	≤7 夯点		≤4 夯点		低锤满拍
			4 击	每增（减）1 击	4 击	每增（减）1 击	
人工		工日	5.400	0.540	3.900	0.390	10.600
机械	强夯机械 4000kN·m	台班	0.760	0.080	0.440	0.040	1.310
	推土机 135kW	台班	0.540	0.050	0.300	0.030	0.920
定额编号			10564	10565	10566	10567	10568

(5) 夯击能≤5000kN·m

单位：100m²

项目		单位	≤7 夯点		≤4 夯点		低锤满拍
			4 击	每增（减）1 击	4 击	每增（减）1 击	
人工		工日	5.900	0.590	4.300	0.430	12.700
机械	强夯机械 5000kN·m	台班	0.810	0.080	0.470	0.050	1.460
	推土机 135kW	台班	0.570	0.060	0.330	0.030	1.020
定额编号			10569	10570	10571	10572	10573

(6) 夯击能≤6000kN·m

单位：100m²

项目		单位	≤7 夯点		≤4 夯点		低锤满拍
			4 击	每增（减）1 击	4 击	每增（减）1 击	
人工		工日	6.500	0.650	4.700	0.470	13.800
机械	强夯机械 5000kN·m	台班	0.890	0.090	0.520	0.050	1.530
	推土机 135kW	台班	0.630	0.060	0.360	0.040	1.080
定额编号			10574	10575	10576	10577	10578

一-56　水泥土回填压实

适用范围：建筑物地基回填压实。

工作内容：碎土、过筛，水泥土配料、拌和、夯实、养护。

单位：$100m^2$

项目		单位	厚度	
			10cm	每增(减)1cm
人工		工日	3.200	0.180
材料	水泥	t	1.750	0.170
	土	m^3	12.580	1.200
机械	蛙式打夯机 2.8kW	台班	0.480	0.040
	胶轮车	台班	4.100	0.400
	挖掘机 $1m^3$	台班	0.033	0.003
	其他机械费	%	0.500	
定额编号			10579	10580

注　1. 定额内水泥用量按使用土料干容重的10%计列，设计配合比不同时调整水泥用量。

2. 定额内土料按Ⅲ类土考虑。

一-57　挖　树　根

(1) 人工挖除小树林及灌木丛

工作内容：1. 挖除小树木：砍挖、清理。

2. 挖树根：挖除、清理。

单位：$100m^2$

项目		单位	挖除小树木		挖灌木丛
			树木密度 20～150棵/$100m^2$	树木密度 >150棵/$100m^2$	
人工		工日	4.050	4.950	8.100
材料	零星材料费	%	5.000	5.000	5.000
定额编号			10581	10582	10583

注　树林密度每$100m^2$小于20棵的不计。

（2）挖掘机挖树根

单位：100 棵

项目		单位	树身直径 5～10cm	树身直径 10～20cm	树身直径 20～30cm	树身直径 30～40cm	树身直径 40～50cm
人工		工日	0.950	0.950	0.950	0.950	0.950
材料	零星材料费	%	2.000	2.000	2.000	2.000	2.000
机械	挖掘机 $1m^3$	台班	0.160	0.280	0.470	1.080	1.680
定额编号			10584	10585	10586	10587	10588

注 1. 树身直径以离地面 20cm 高处的树身直径为准。

2. 树身直径≤5cm 时，按小树木挖除考虑。

（3）深根植物清除（芦苇、荆条等）

工作内容：挖竹根、芦苇：用锹、镐、斧清除，搬运 10m 堆放。

单位：$100m^2$

项目		单位	数量
人工		工日	10.320
材料	零星材料费	%	1.000
定额编号			10589

注 竹根、芦苇搬运超过 10m 时，每增运 10m，加人工 2.01 工日/$100m^2$。

第二章　石方工程

说　明

一、本章包括一般石方、一般坡面石方、保护层石方、沟槽石方、坑石方、平洞石方、斜井石方、竖井石方、地下厂房石方的开挖和石渣运输、预裂爆破、岩石支护等定额共55节。

二、本章计量单位，除注明者外，均按自然方计。

三、一般石方开挖定额，适用于底宽超过4m的渠、沟、槽；上口面积大于$40m^2$的坑挖石方；设计倾角小于或等于20°和开挖厚度（垂直于设计面的平均厚度）大于5m的坡面石方开挖。

四、一般坡面石方开挖定额，适用于设计倾角大于20°、厚度小于5m的石方开挖。

五、保护层石方开挖定额，适用于设计规定不允许破坏岩层结构的石方开挖工程，如河床坝基、两岸坝基、发电站（厂）基础、泵站基础、水闸基础、消力池、廊道等工程连接岩基部分，厚度按设计规定计算。

六、沟槽石方开挖定额，适用于底宽不超过4m、两侧垂直或有边坡的长条形石方开挖工程，如渠道、截水槽、排水沟、地槽等工程。底宽超过4m的按一般石方开挖定额计算；有保护层的，按一般石方和保护层比例综合计算。

七、坑石方开挖定额，适用于上口面积小于或等于$40m^2$、深度小于或等于上口短边长度或直径的工程，如集水坑、墩基、柱基、机座、混凝土基坑等。上口面积大于$40m^2$的坑挖工程按一般石方开挖定额计算；有保护层的，按一般石方和保护层比例综合计算。

八、平洞石方开挖定额，适用于水平夹角小于或等于6°的洞挖工程。

九、斜井石方开挖定额，适用于水平夹角在 45°～75°的井挖工程。水平夹角在 6°～45°的斜井，按斜井石方开挖定额乘以系数 0.90 计算。

十、竖井石方开挖定额，适用于水平夹角大于 75°、上口面积大于 $5m^2$、深度大于上口短边长度或直径的石方开挖工程，如调压井、闸门井等工程。

十一、平洞、斜井、竖井、地下厂房石方开挖已考虑光面爆破。

十二、平洞、斜井、竖井、沟槽、坑石方开挖定额的断面尺寸，系指包括衬砌的设计断面尺寸，不包括超挖部分。规范允许超挖部分的工程量，应执行本章相应超挖定额。

十三、洞挖定额中的通风机台班数量，是按一个工作面长 400m 拟定，如实际超过 400m，按定额乘以表 2－1 系数计算。

表 2－1　　通风机台班数量调整系数表

隧洞工作面长/m	系数	隧洞工作面长/m	系数
400	1.00	1300	2.15
500	1.20	1400	2.29
600	1.33	1500	2.40
700	1.43	1600	2.50
800	1.50	1700	2.65
900	1.67	1800	2.78
1000	1.80	1900	2.90
1100	1.91	2000	3.00
1200	2.00		

十四、预裂爆破、防震孔、插筋孔均适用于露天施工，若为地下工程，人工、机械乘以 1.15 的系数。

二-1　一般石方开挖-人工打孔

适用范围：一般明挖。

工作内容：打孔、爆破、撬移、解小、翻渣、清面。

单位：100m³

项目		单位	岩石级别					
			Ⅴ	Ⅵ	Ⅶ	Ⅷ	Ⅸ	Ⅹ
人工		工日	14.920	18.140	22.710	28.630	36.300	46.730
材料	钢钎	kg	0.390	0.590	0.960	1.240	1.740	2.420
	炸药	kg	21.060	25.150	29.140	33.030	37.030	40.920
	雷管	个	28.350	33.840	39.240	44.550	49.770	55.080
	导线	m	56.610	67.680	78.390	89.100	99.630	110.070
	其他材料费	%	8.000	8.000	8.000	8.000	8.000	8.000
定额编号			20001	20002	20003	20004	20005	20006

二-2　一般石方开挖-电钻钻孔

适用范围：一般明挖。

工作内容：钻孔、爆破、撬移、解小、翻渣、清面。

单位：100m³

项目		单位	岩石级别				
			Ⅴ	Ⅵ	Ⅶ	Ⅷ	Ⅸ
人工		工日	10.360	11.260	12.350	14.350	18.140
材料	电钻钻头	个	0.440	0.690	1.060	1.580	2.320
	电钻钻杆	个	1.610	2.530	3.870	5.780	8.500
	炸药	kg	22.050	26.250	30.450	34.650	38.850
	雷管	个	31.000	38.000	44.000	49.000	55.000
	导线	m	79.000	94.000	109.000	124.000	138.000
	其他材料费	%	8.000	8.000	8.000	8.000	8.000
机械	电钻 1.5kW	台班	0.660	0.990	1.650	3.090	6.570
	载重汽车 5t	台班	0.200	0.200	0.200	0.200	0.200
	其他机械费	%	8.000	8.000	8.000	8.000	8.000
定额编号			20007	20008	20009	20010	20011

二-3 一般石方开挖-风钻钻孔

适用范围：一般明挖。

工作内容：钻孔、爆破、撬移、解小、翻渣、清面。

单位：100m³

项目		单位	岩石级别			
			Ⅴ～Ⅷ	Ⅸ、Ⅹ	Ⅺ、Ⅻ	XIII、XIV
人工		工日	7.100	9.090	11.500	15.330
材料	合金钻头	个	0.990	1.610	2.360	3.380
	炸药	kg	25.030	33.170	39.560	45.900
	电雷管	个	22.850	30.340	36.320	42.060
	导电线	m	113.010	149.800	178.670	207.330
	其他材料费	%	10.000	10.000	10.000	10.000
机械	手持式风钻	台班	0.740	1.340	2.220	3.750
	其他机械费	%	8.000	8.000	8.000	8.000
定额编号			20012	20013	20014	20015

二-4 一般石方开挖-80型潜孔钻钻孔

适用范围：潜孔钻钻孔，风钻配合。

工作内容：钻孔、爆破、撬移、解小、翻渣、清面。

(1) 孔深≤6m

单位：100m³

项目		单位	岩石级别			
			Ⅴ～Ⅷ	Ⅸ、Ⅹ	Ⅺ、Ⅻ	XIII、XIV
人工		工日	5.000	6.050	7.080	8.340
材料	合金钻头	个	0.110	0.180	0.250	0.350
	钻头 80 型	个	0.280	0.430	0.610	0.850
	冲击器	套	0.030	0.040	0.060	0.090
	炸药	kg	44.540	51.610	58.050	65.250
	雷管	个	23.330	27.890	31.810	35.970
	导线	m	95.150	110.380	123.830	138.490
	其他材料费	%	15.000	15.000	15.000	15.000
机械	手持式风钻	台班	0.240	0.360	0.460	0.550
	潜孔钻 80 型	台班	0.640	0.920	1.270	1.780
	其他机械费	%	8.000	8.000	8.000	8.000
定额编号			20016	20017	20018	20019

（2）孔深6～9m

单位：100m³

项目		单位	岩石级别			
			Ⅴ～Ⅷ	Ⅸ、Ⅹ	Ⅺ、Ⅻ	ⅩⅢ、ⅩⅣ
人工		工日	3.600	4.460	5.300	6.340
材料	合金钻头	个	0.110	0.180	0.250	0.350
	钻头 80型	个	0.230	0.350	0.500	0.710
	冲击器	套	0.020	0.040	0.050	0.070
	炸药	kg	40.690	47.170	53.060	59.640
	雷管	个	21.900	26.300	30.000	34.000
	导线	m	116.500	135.600	152.500	171.200
	其他材料费	%	15.000	15.000	15.000	15.000
机械	手持式风钻	台班	0.240	0.360	0.460	0.550
	潜孔钻 80型	台班	0.530	0.770	1.070	1.500
	其他机械费	%	8.000	8.000	8.000	8.000
定额编号			20020	20021	20022	20023

（3）孔深＞9m

单位：100m³

项目		单位	岩石级别			
			Ⅴ～Ⅷ	Ⅸ、Ⅹ	Ⅺ、Ⅻ	ⅩⅢ、ⅩⅣ
人工		工日	2.750	3.510	4.250	5.160
材料	合金钻头	个	0.110	0.180	0.250	0.350
	钻头 80型	个	0.190	0.300	0.420	0.590
	冲击器	套	0.020	0.030	0.040	0.060
	炸药	kg	37.190	43.120	48.520	54.530
	雷管	个	20.480	24.680	28.250	32.010
	导线	m	128.870	150.960	170.790	192.720
	其他材料费	%	15.000	15.000	15.000	15.000
机械	手持式风钻	台班	0.240	0.360	0.460	0.550
	潜孔钻 80型	台班	0.440	0.650	0.900	1.280
	其他机械费	%	8.000	8.000	8.000	8.000
定额编号			20024	20025	20026	20027

二-5　一般石方开挖-100 型潜孔钻钻孔

适用范围：潜孔钻钻孔，风钻配合。

工作内容：钻孔、爆破、撬移、解小、翻渣、清面。

（1）孔深≤6m

单位：100m³

项目		单位	岩石级别			
			Ⅴ～Ⅷ	Ⅸ、Ⅹ	Ⅺ、Ⅻ	ⅩⅢ、ⅩⅣ
人工		工日	4.430	5.320	6.150	7.110
材料	合金钻头	个	0.110	0.180	0.250	0.350
	钻头 100 型	个	0.180	0.280	0.400	0.560
	冲击器	套	0.020	0.030	0.040	0.060
	炸药	kg	48.290	55.950	62.930	70.720
	雷管	个	19.330	23.200	26.480	29.900
	导线	m	74.430	86.380	96.770	107.960
	其他材料费	%	15.000	15.000	15.000	15.000
机械	手持式风钻	台班	0.240	0.360	0.460	0.550
	潜孔钻 100 型	台班	0.380	0.560	0.780	1.110
	其他机械费	%	8.000	8.000	8.000	8.000
定额编号			20028	20029	20030	20031

(2) 孔深 6～9m

单位：$100m^3$

项目		单位	岩石级别			
			Ⅴ～Ⅷ	Ⅸ、Ⅹ	Ⅺ、Ⅻ	ⅩⅢ、ⅩⅣ
人工		工日	3.120	3.830	4.500	5.270
材料	合金钻头	个	0.110	0.180	0.250	0.350
	钻头 100 型	个	0.150	0.220	0.310	0.440
	冲击器	套	0.020	0.020	0.030	0.040
	炸药	kg	44.540	51.610	58.060	65.250
	雷管	个	18.420	22.190	25.370	28.680
	导线	m	86.080	100.230	112.650	126.140
	其他材料费	%	15.000	15.000	15.000	15.000
机械	手持式风钻	台班	0.240	0.360	0.460	0.550
	潜孔钻 100 型	台班	0.300	0.440	0.620	0.890
	其他机械费	%	8.000	8.000	8.000	8.000
定额编号			20032	20033	20034	20035

(3) 孔深＞9m

单位：$100m^3$

项目		单位	岩石级别			
			Ⅴ～Ⅷ	Ⅸ、Ⅹ	Ⅺ、Ⅻ	ⅩⅢ、ⅩⅣ
人工		工日	2.360	2.980	3.570	4.260
材料	合金钻头	个	0.110	0.180	0.250	0.350
	钻头 100 型	个	0.130	0.190	0.270	0.380
	冲击器	套	0.010	0.020	0.030	0.040
	炸药	kg	40.690	47.170	53.060	59.640
	雷管	个	17.510	21.180	24.260	27.450
	导线	m	74.430	95.870	112.330	126.920
	其他材料费	%	15.000	15.000	15.000	15.000
机械	手持式风钻	台班	0.240	0.360	0.460	0.550
	潜孔钻 100 型	台班	0.260	0.380	0.540	0.780
	其他机械费	%	8.000	8.000	8.000	8.000
定额编号			20036	20037	20038	20039

二-6　一般石方开挖-150型潜孔钻钻孔

适用范围：潜孔钻钻孔，风钻配合。

工作内容：钻孔、爆破、撬移、解小、翻渣、清面。

(1) 孔深≤6m

单位：$100m^3$

项目		单位	岩石级别			
			Ⅴ～Ⅷ	Ⅸ、Ⅹ	Ⅺ、Ⅻ	ⅩⅢ、ⅩⅣ
人工		工日	4.000	5.050	5.840	6.630
材料	合金钻头	个	0.110	0.180	0.250	0.350
	钻头 150型	个	0.060	0.090	0.120	0.170
	冲击器	套	0.010	0.010	0.010	0.020
	炸药	kg	53.430	61.890	69.610	78.230
	雷管	个	16.510	19.900	22.720	25.630
	导线	m	60.340	69.930	78.150	86.880
	其他材料费	%	15.000	15.000	15.000	15.000
机械	手持式风钻	台班	0.240	0.360	0.460	0.550
	潜孔钻 150型	台班	0.240	0.350	0.480	0.690
	其他机械费	%	8.000	8.000	8.000	8.000
定额编号			20040	20041	20042	20043

（2）孔深 6～9m

单位：100m³

项目		单位	岩石级别			
			Ⅴ～Ⅷ	Ⅸ、Ⅹ	Ⅺ、Ⅻ	ⅩⅢ、ⅩⅣ
人工		工日	2.880	3.750	4.380	5.080
材料	合金钻头	个	0.100	0.180	0.250	0.350
	钻头 150 型	个	0.050	0.070	0.100	0.140
	冲击器	套	0.010	0.010	0.010	0.010
	炸药	kg	48.770	56.510	63.560	71.430
	雷管	个	15.950	19.290	22.060	24.910
	导线	m	70.680	82.080	91.940	102.530
	其他材料费	%	15.000	15.000	15.000	15.000
机械	手持式风钻	台班	0.240	0.360	0.460	0.550
	潜孔钻 150 型	台班	0.180	0.260	0.370	0.530
	其他机械费	%	8.000	8.000	8.000	8.000
定额编号			20044	20045	20046	20047

（3）孔深≥9m

单位：100m³

项目		单位	岩石级别			
			Ⅴ～Ⅷ	Ⅸ、Ⅹ	Ⅺ、Ⅻ	ⅩⅢ、ⅩⅣ
人工		工日	2.190	2.950	3.520	4.110
材料	合金钻头	个	0.110	0.180	0.250	0.350
	钻头 150 型	个	0.040	0.060	0.080	0.110
	冲击器	套	0.010	0.010	0.010	0.010
	炸药	kg	44.540	51.610	58.060	65.250
	雷管	个	15.390	18.680	21.390	24.190
	导线	m	72.610	85.050	95.870	107.550
	其他材料费	%	15.000	15.000	15.000	15.000
机械	手持式风钻	台班	0.240	0.360	0.460	0.550
	潜孔钻 150 型	台班	0.160	0.230	0.320	0.470
	其他机械费	%	8.000	8.000	8.000	8.000
定额编号			20048	20049	20050	20051

二-7　一般石方开挖-ϕ64～ϕ76液压钻钻孔

适用范围：液压履带钻钻孔，风钻配合。

工作内容：钻孔、爆破、撬移、解小、翻渣、清面。

（1）孔深≤6m

单位：100m³

项目		单位	岩石级别			
			Ⅴ～Ⅷ	Ⅸ、Ⅹ	Ⅺ、Ⅻ	ⅩⅢ、ⅩⅣ
人工		工日	4.290	5.050	5.680	6.350
材料	合金钻头	个	0.110	0.180	0.250	0.350
	钻头 ϕ64～ϕ76	个	0.050	0.060	0.070	0.090
	钻杆	m	0.070	0.090	0.100	0.110
	炸药	kg	43.590	50.510	56.830	63.870
	雷管	个	23.730	28.370	32.360	36.590
	导线	m	97.020	112.580	126.330	141.340
	其他材料费	%	15.000	15.000	15.000	15.000
机械	手持式风钻	台班	0.240	0.360	0.460	0.550
	液压履带钻	台班	0.090	0.110	0.140	0.170
	其他机械费	%	8.000	8.000	8.000	8.000
定额编号			20052	20053	20054	20055

（2）孔深6～9m

单位：100m³

项目		单位	岩石级别			
			Ⅴ～Ⅷ	Ⅸ、Ⅹ	Ⅺ、Ⅻ	ⅩⅢ、ⅩⅣ
人工		工日	2.990	3.600	4.110	4.630
材料	合金钻头	个	0.110	0.180	0.250	0.350
	钻头 $\phi64\sim\phi76$	个	0.040	0.050	0.060	0.070
	钻杆	m	0.060	0.070	0.080	0.090
	炸药	kg	39.820	46.180	51.950	58.390
	雷管	个	22.530	27.020	30.870	34.950
	导线	m	119.620	139.220	156.720	176.000
	其他材料费	%	15.000	15.000	15.000	15.000
机械	手持式风钻	台班	0.240	0.360	0.460	0.550
	液压履带钻	台班	0.070	0.100	0.110	0.140
	其他机械费	%	8.000	8.000	8.000	8.000
定额编号			20056	20057	20058	20059

（3）孔深>9m

单位：100m³

项目		单位	岩石级别			
			Ⅴ～Ⅷ	Ⅸ、Ⅹ	Ⅺ、Ⅻ	ⅩⅢ、ⅩⅣ
人工		工日	2.260	2.770	3.200	3.660
材料	合金钻头	个	0.110	0.180	0.250	0.350
	钻头 $\phi64\sim\phi76$	个	0.040	0.040	0.050	0.060
	钻杆	m	0.050	0.060	0.070	0.080
	炸药	kg	36.410	42.230	47.510	53.410
	雷管	个	21.330	25.670	29.380	33.300
	导线	m	138.690	162.370	183.710	207.390
	其他材料费	%	15.000	15.000	15.000	15.000
机械	手持式风钻	台班	0.240	0.360	0.460	0.550
	液压履带钻	台班	0.070	0.090	0.110	0.140
	其他机械费	%	8.000	8.000	8.000	8.000
定额编号			20060	20061	20062	20063

二-8 一般石方开挖-ϕ89～ϕ102 液压钻钻孔

适用范围：液压履带钻钻孔，风钻配合。

工作内容：钻孔、爆破、撬移、解小、翻渣、清面。

(1) 孔深≤6m

单位：100m³

项目		单位	岩石级别			
			Ⅴ～Ⅷ	Ⅸ、Ⅹ	Ⅺ、Ⅻ	ⅩⅢ、ⅩⅣ
人工		工日	4.250	4.990	5.600	6.260
材料	合金钻头	个	0.110	0.180	0.250	0.350
	钻头 ϕ89～ϕ102	个	0.030	0.040	0.050	0.050
	钻杆	m	0.050	0.050	0.060	0.070
	炸药	kg	51.210	59.340	66.740	75.000
	雷管	个	19.330	23.200	26.480	29.900
	导线	m	74.430	86.380	96.770	107.960
	其他材料费	%	15.000	15.000	15.000	15.000
机械	手持式风钻	台班	0.240	0.360	0.460	0.550
	液压履带钻	台班	0.080	0.100	0.130	0.160
	其他机械费	%	8.000	8.000	8.000	8.000
定额编号			20064	20065	20066	20067

（2）孔深 6～9m

单位：100m³

项目		单位	岩石级别			
			Ⅴ～Ⅷ	Ⅸ、Ⅹ	Ⅺ、Ⅻ	ⅩⅢ、ⅩⅣ
人工		工日	2.960	3.540	4.050	4.560
材料	合金钻头	个	0.110	0.180	0.250	0.350
	钻头 ϕ89～ϕ102	个	0.020	0.030	0.040	0.040
	钻杆	m	0.040	0.040	0.050	0.060
	炸药	kg	46.770	54.190	60.960	68.510
	雷管	个	18.440	22.210	25.390	28.710
	导线	m	86.080	100.230	112.650	126.140
	其他材料费	%	15.000	15.000	15.000	15.000
机械	手持式风钻	台班	0.240	0.360	0.460	0.550
	液压履带钻	台班	0.060	0.080	0.100	0.130
	其他机械费	%	8.000	8.000	8.000	8.000
定额编号			20068	20069	20070	20071

（3）孔深>9m

单位：100m³

项目		单位	岩石级别			
			Ⅴ～Ⅷ	Ⅸ、Ⅹ	Ⅺ、Ⅻ	ⅩⅢ、ⅩⅣ
人工		工日	2.250	2.750	3.190	3.660
材料	合金钻头	个	0.110	0.180	0.250	0.350
	钻头 ϕ89～ϕ102	个	0.020	0.030	0.030	0.040
	钻杆	m	0.030	0.040	0.040	0.050
	炸药	kg	42.720	49.530	55.710	62.620
	雷管	个	17.540	21.220	24.300	27.510
	导线	m	94.290	110.710	125.260	141.190
	其他材料费	%	15.000	15.000	15.000	15.000
机械	手持式风钻	台班	0.240	0.360	0.460	0.550
	液压履带钻	台班	0.060	0.070	0.100	0.120
	其他机械费	%	8.000	8.000	8.000	8.000
定额编号			20072	20073	20074	20075

二-9　一般坡面石方开挖-电钻钻孔

适用范围：设计倾角 20°～40°，平均厚度 5m 以下，无保护层。

工作内容：钻孔、爆破、撬移、解小、翻渣、清面。

单位：100m³

项目		单位	岩石级别				
			Ⅴ	Ⅵ	Ⅶ	Ⅷ	Ⅸ
人工		工日	23.260	24.610	26.040	28.380	32.160
材料	电钻钻头	个	0.440	0.690	1.060	1.580	2.320
	电钻钻杆	个	1.610	2.530	3.870	5.780	8.500
	炸药	kg	22.050	26.250	30.450	34.650	38.850
	雷管	个	31.000	38.000	44.000	49.000	55.000
	导线	m	79.000	94.000	109.000	124.000	138.000
	其他材料费	%	5.000	5.000	5.000	5.000	5.000
机械	电钻 1.5kW	台班	0.580	0.880	1.460	2.740	5.840
	载重汽车 5t	台班	0.160	0.160	0.160	0.160	0.160
	其他机械费	%	5.000	5.000	5.000	5.000	5.000
定额编号			20076	20077	20078	20079	20080

二-10　一般坡面石方开挖-风钻钻孔

适用范围：设计倾角 20°～40°，平均厚度 5m 以下，无保护层。

工作内容：钻孔、爆破、撬移、解小、翻渣、清面。

单位：100m³

项目		单位	岩石级别			
			Ⅴ～Ⅷ	Ⅸ、Ⅹ	Ⅺ、Ⅻ	ⅩⅢ、ⅩⅣ
人工		工日	14.130	16.810	19.810	24.270
材料	合金钻头	个	0.990	1.690	2.480	3.550
	炸药	kg	25.660	34.000	40.550	47.050
	雷管	个	22.850	30.340	36.220	42.060
	导线	m	113.010	149.800	178.670	207.330
	其他材料费	%	10.000	10.000	10.000	10.000
机械	手持式风钻	台班	0.780	1.370	2.210	3.670
	其他机械费	%	8.000	8.000	8.000	8.000
定额编号			20081	20082	20083	20084

二-11 底部保护层石方开挖

适用范围：设计倾角20°以下。

工作内容：钻孔、爆破、撬移、解小、翻渣、清面。

单位：100m³

项目		单位	岩石级别			
			Ⅴ～Ⅷ	Ⅸ、Ⅹ	Ⅺ、Ⅻ	ⅩⅢ、ⅩⅣ
人工		工日	22.280	29.620	38.170	50.740
材料	合金钻头	个	3.350	5.460	7.830	11.000
	炸药	kg	50.340	64.720	75.870	86.880
	雷管	个	354.290	430.210	505.330	595.160
	导线	m	486.580	609.270	703.050	795.040
	其他材料费	%	5.000	5.000	5.000	5.000
机械	手持式风钻	台班	2.000	3.440	5.490	9.040
	其他机械费	%	5.000	5.000	5.000	5.000
定额编号			20085	20086	20087	20088

二-12 坡面保护层石方开挖

适用范围：设计倾角20°～40°。

工作内容：钻孔、爆破、撬移、解小、翻渣、清面。

单位：100m³

项目		单位	岩石级别			
			Ⅴ～Ⅷ	Ⅸ、Ⅹ	Ⅺ、Ⅻ	ⅩⅢ、ⅩⅣ
人工		工日	33.740	42.140	51.470	64.870
材料	合金钻头	个	3.350	5.460	7.830	11.000
	炸药	kg	47.890	61.570	74.020	86.880
	雷管	个	334.080	417.750	481.650	544.320
	导线	m	486.580	609.270	703.050	795.040
	其他材料费	%	5.000	5.000	5.000	5.000
机械	手持式风钻	台班	2.260	3.770	5.870	9.480
	其他机械费	%	5.000	5.000	5.000	5.000
定额编号			20089	20090	20091	20092

二-13 沟槽石方开挖

适用范围：设计倾角20°以下。

工作内容：钻孔、爆破、撬移、解小、翻渣、清面。

（1）底宽≤1m

单位：$100m^3$

项目		单位	岩石级别			
			Ⅴ～Ⅷ	Ⅸ、Ⅹ	Ⅺ、Ⅻ	ⅩⅢ、ⅩⅣ
人工		工日	71.550	96.580	125.080	166.110
材料	合金钻头	个	9.710	15.790	22.490	31.320
	炸药	kg	167.170	211.890	244.510	275.940
	雷管	个	656.450	832.070	960.190	1083.590
	导线	m	937.780	1188.670	1371.710	1547.990
	其他材料费	%	3.000	3.000	3.000	3.000
机械	手持式风钻	台班	6.840	11.380	17.560	28.080
	其他机械费	%	5.000	5.000	5.000	5.000
定额编号			20093	20094	20095	20096

（2）底宽1～2m

单位：$100m^3$

项目		单位	岩石级别			
			Ⅴ～Ⅷ	Ⅸ、Ⅹ	Ⅺ、Ⅻ	ⅩⅢ、ⅩⅣ
人工		工日	41.600	55.300	70.860	93.260
材料	合金钻头	个	5.190	8.440	12.020	16.750
	炸药	kg	106.110	134.460	155.210	175.220
	雷管	个	255.210	323.380	373.280	421.420
	导线	m	291.670	369.580	426.610	481.620
	其他材料费	%	3.000	3.000	3.000	3.000
机械	手持式风钻	台班	3.660	6.110	9.490	15.250
	其他机械费	%	5.000	5.000	5.000	5.000
定额编号			20097	20098	20099	20100

（3）底宽 2～4m

单位：100m³

项目		单位	岩石级别			
			Ⅴ～Ⅷ	Ⅸ、Ⅹ	Ⅺ、Ⅻ	ⅩⅢ、ⅩⅣ
人工		工日	22.910	30.150	38.380	50.260
材料	合金钻头	个	2.990	4.930	7.090	9.980
	炸药	kg	59.300	76.410	89.150	101.510
	雷管	个	104.020	134.030	156.370	178.070
	导线	m	255.580	329.330	384.220	437.540
	其他材料费	%	3.000	3.000	3.000	3.000
机械	手持式风钻	台班	1.900	3.220	5.050	8.180
	其他机械费	%	5.000	5.000	5.000	5.000
定额编号			20101	20102	20103	20104

二-14　坡面沟槽石方开挖

适用范围：沟槽底部与水平面呈 20°～40°倾角。

工作内容：钻孔、爆破、撬移、解小、翻渣、清面、修整。

（1）底宽≤0.5m

单位：100m³

项目		单位	岩石级别			
			Ⅴ～Ⅷ	Ⅸ、Ⅹ	Ⅺ、Ⅻ	ⅩⅢ、ⅩⅣ
人工		工日	117.490	157.980	203.740	269.550
材料	合金钻头	个	15.530	25.260	35.980	50.110
	炸药	kg	254.740	322.880	372.590	420.480
	雷管	个	1050.320	1331.310	1536.310	1733.740
	导线	m	1500.450	1901.870	2194.730	2476.780
	其他材料费	%	3.000	3.000	3.000	3.000
机械	手持式风钻	台班	12.230	19.820	29.980	47.050
	其他机械费	%	5.000	5.000	5.000	5.000
定额编号			20105	20106	20107	20108

（2）底宽 0.5～1.0m

单位：100m³

项目		单位	岩石级别			
			Ⅴ～Ⅷ	Ⅸ、Ⅹ	Ⅺ、Ⅻ	ⅩⅢ、ⅩⅣ
人工		工日	73.760	99.180	127.910	169.220
材料	合金钻头	个	9.710	15.790	22.490	31.320
	炸药	kg	159.210	201.800	232.870	262.800
	雷管	个	656.450	832.070	960.190	1083.590
	导线	m	937.780	1188.670	1371.710	1547.990
	其他材料费	%	3.000	3.000	3.000	3.000
机械	手持式风钻	台班	7.650	12.390	18.740	29.410
	其他机械费	%	5.000	5.000	5.000	5.000
定额编号			20109	20110	20111	20112

（3）底宽 1～2m

单位：100m³

项目		单位	岩石级别			
			Ⅴ～Ⅷ	Ⅸ、Ⅹ	Ⅺ、Ⅻ	ⅩⅢ、ⅩⅣ
人工		工日	47.290	61.540	77.530	100.380
材料	合金钻头	个	5.190	8.440	12.020	16.750
	炸药	kg	101.060	128.060	147.820	166.880
	雷管	个	255.210	323.380	373.280	421.420
	导线	m	291.670	369.580	426.610	481.620
	其他材料费	%	3.000	3.000	3.000	3.000
机械	手持式风钻	台班	4.060	6.630	10.090	15.920
	其他机械费	%	5.000	5.000	5.000	5.000
定额编号			20113	20114	20115	20116

二-15 坑石方开挖

工作内容：钻孔、爆破、撬移、解小、翻渣、清面、修整。

(1) 坑口面积≤2.5m^2

单位：100m^3

项目		单位	岩石级别			
			Ⅴ～Ⅷ	Ⅸ、Ⅹ	Ⅺ、Ⅻ	ⅩⅢ、ⅩⅣ
人工		工日	107.940	148.990	192.530	252.800
材料	合金钻头	个	10.350	17.650	24.790	33.600
	炸药	kg	275.210	367.600	418.400	459.500
	雷管	个	618.980	826.820	941.080	1033.520
	导线	m	884.270	1181.170	1344.390	1476.450
	其他材料费	%	2.000	2.000	2.000	2.000
机械	手持式风钻	台班	7.700	13.420	20.430	31.780
	其他机械费	%	5.000	5.000	5.000	5.000
定额编号			20117	20118	20119	20120

(2) 坑口面积2.5～5m^2

单位：100m^3

项目		单位	岩石级别			
			Ⅴ～Ⅷ	Ⅸ、Ⅹ	Ⅺ、Ⅻ	ⅩⅢ、ⅩⅣ
人工		工日	83.350	113.880	146.480	191.930
材料	合金钻头	个	7.680	13.070	18.340	24.840
	炸药	kg	204.230	272.230	309.540	339.710
	雷管	个	344.510	459.230	522.160	573.060
	导线	m	557.780	743.510	845.410	927.800
	其他材料费	%	2.000	2.000	2.000	2.000
机械	手持式风钻	台班	6.010	10.520	16.080	25.110
	其他机械费	%	5.000	5.000	5.000	5.000
定额编号			20121	20122	20123	20124

(3) 坑口面积 5～10m²

单位：100m³

项目		单位	岩石级别			
			Ⅴ～Ⅷ	Ⅸ、Ⅹ	Ⅺ、Ⅻ	ⅩⅢ、ⅩⅣ
人工		工日	57.540	77.300	98.370	127.660
材料	合金钻头	个	6.040	10.270	14.400	19.490
	炸药	kg	160.170	213.290	242.400	265.940
	雷管	个	216.750	288.640	328.040	359.890
	导线	m	478.920	637.740	724.800	795.170
	其他材料费	%	2.000	2.000	2.000	2.000
机械	手持式风钻	台班	4.480	7.830	11.960	18.670
	其他机械费	%	5.000	5.000	5.000	5.000
定额编号			20125	20126	20127	20128

(4) 坑口面积 10～20m²

单位：100m³

项目		单位	岩石级别			
			Ⅴ～Ⅷ	Ⅸ、Ⅹ	Ⅺ、Ⅻ	ⅩⅢ、ⅩⅣ
人工		工日	35.080	47.870	62.000	82.070
材料	合金钻头	个	3.990	6.740	9.600	13.260
	炸药	kg	105.980	139.870	161.460	180.780
	雷管	个	154.220	203.820	234.390	261.200
	导线	m	289.120	381.030	441.640	496.930
	其他材料费	%	2.000	2.000	2.000	2.000
机械	手持式风钻	台班	2.960	5.140	7.970	12.700
	其他机械费	%	5.000	5.000	5.000	5.000
定额编号			20129	20130	20131	20132

（5）坑口面积 20～40m^2

单位：100m^3

项目		单位	岩石级别			
			Ⅴ～Ⅷ	Ⅸ、Ⅹ	Ⅺ、Ⅻ	ⅩⅢ、ⅩⅣ
人工		工日	26.060	35.800	46.850	62.860
材料	合金钻头	个	3.090	5.230	7.510	10.500
	炸药	kg	78.240	103.300	120.310	136.080
	雷管	个	102.360	135.310	156.790	176.250
	导线	m	252.960	333.590	390.590	444.510
	其他材料费	%	2.000	2.000	2.000	2.000
机械	手持式风钻	台班	2.410	4.210	6.620	10.740
	其他机械费	%	5.000	5.000	5.000	5.000
定额编号			20133	20134	20135	20136

二-16　预裂爆破-100型潜孔钻钻孔

适用范围：露天作业。

工作内容：钻孔、爆破、清理。

（1）水　平　孔

单位：100m^2

项目		单位	岩石级别			
			Ⅴ～Ⅷ	Ⅸ、Ⅹ	Ⅺ、Ⅻ	ⅩⅢ、ⅩⅣ
人工		工日	9.210	11.710	14.560	18.470
材料	钻头 100型	个	1.080	1.540	2.050	2.730
	冲击器	套	0.110	0.150	0.210	0.270
	炸药	kg	44.420	72.060	91.390	109.830
	雷管	个	1.580	1.730	1.870	2.020
	导爆索	m	119.780	130.870	140.600	151.090
	其他材料费	%	5.000	5.000	5.000	5.000
机械	潜孔钻 100型	台班	3.040	4.270	5.740	7.800
	其他机械费	%	2.000	2.000	2.000	2.000
定额编号			20137	20138	20139	20140

(2) 垂 直 孔

单位：100m²

项目		单位	岩石级别			
			Ⅴ～Ⅷ	Ⅸ、Ⅹ	Ⅺ、Ⅻ	ⅩⅢ、ⅩⅣ
人工		工日	8.080	10.080	12.320	15.520
材料	钻头 100 型	个	1.080	1.540	2.050	2.730
	冲击器	套	0.110	0.150	0.210	0.270
	炸药	kg	44.420	72.060	91.390	109.830
	雷管	个	1.580	1.730	1.870	2.020
	导爆索	m	119.780	130.870	140.600	151.090
	其他材料费	%	5.000	5.000	5.000	5.000
机械	潜孔钻 100 型	台班	2.370	3.330	4.460	6.070
	其他机械费	%	2.000	2.000	2.000	2.000
定额编号			20141	20142	20143	20144

二-17 预裂爆破-150 型潜孔钻钻孔

适用范围：露天作业。

工作内容：钻孔、爆破、清理。

(1) 水 平 孔

单位：100m²

项目		单位	岩石级别			
			Ⅴ～Ⅷ	Ⅸ、Ⅹ	Ⅺ、Ⅻ	ⅩⅢ、ⅩⅣ
人工		工日	7.460	9.850	12.120	15.140
材料	钻头 150 型	个	0.450	0.650	0.860	1.150
	冲击器	套	0.050	0.070	0.090	0.120
	炸药	kg	40.420	65.570	83.170	99.940
	雷管	个	1.370	1.510	1.630	1.760
	导爆索	m	105.430	115.090	123.560	132.710
	其他材料费	%	5.000	5.000	5.000	5.000
机械	潜孔钻 150 型	台班	2.580	3.590	4.910	6.390
	其他机械费	%	2.000	2.000	2.000	2.000
定额编号			20145	20146	20147	20148

（2）垂 直 孔

单位：100m²

项目		单位	岩石级别			
			Ⅴ～Ⅷ	Ⅸ、Ⅹ	Ⅺ、Ⅻ	ⅩⅢ、ⅩⅣ
人工		工日	6.680	8.680	10.510	12.950
材料	钻头 150型	个	0.450	0.650	0.860	1.150
	冲击器	套	0.050	0.070	0.090	0.120
	炸药	kg	40.420	65.570	83.170	99.940
	雷管	个	1.370	1.510	1.630	1.760
	导爆索	m	105.430	115.090	123.560	132.710
	其他材料费	%	5.000	5.000	5.000	5.000
机械	潜孔钻 150型	台班	2.010	2.790	3.820	4.980
	其他机械费	%	2.000	2.000	2.000	2.000
定额编号			20149	20150	20151	20152

二-18 预裂爆破-液压钻钻孔

适用范围：露天作业，液压钻钻水平孔及垂直孔。

工作内容：钻孔、爆破、清理。

单位：100m²

项目		单位	岩石级别			
			Ⅴ～Ⅷ	Ⅸ、Ⅹ	Ⅺ、Ⅻ	ⅩⅢ、ⅩⅣ
人工		工日	6.460	7.230	7.920	8.700
材料	钻头 $\phi\leqslant 64$	个	0.360	0.420	0.470	0.530
	炸药	kg	55.840	90.580	114.890	138.060
	雷管	个	3.150	3.470	3.750	4.040
	导爆索	m	230.980	253.160	272.610	293.610
	其他材料费	%	5.000	5.000	5.000	5.000
机械	液压履带钻 $\phi 64\sim\phi 102$	台班	0.570	0.700	0.820	0.980
	其他机械费	%	2.000	2.000	2.000	2.000
定额编号			20153	20154	20155	20156

二-19　平洞石方开挖-风钻钻孔

适用范围：平洞风钻钻孔。

工作内容：钻孔、爆破、安全处理、翻渣、清面、修整。

(1) 开挖断面≤5m²

单位：100m³

项目		单位	岩石级别			
			Ⅴ～Ⅷ	Ⅸ、Ⅹ	Ⅺ、Ⅻ	ⅩⅢ、ⅩⅣ
人工		工日	75.310	106.010	141.810	209.340
材料	合金钻头	个	8.860	14.040	19.310	27.380
	炸药	kg	220.690	277.650	309.570	340.760
	雷管	个	305.030	405.190	456.810	496.620
	导线	m	630.530	831.040	937.850	1015.780
	其他材料费	%	4.000	4.000	4.000	4.000
机械	气腿式风钻	台班	10.700	17.630	27.160	46.040
	轴流通风机 14kW	台班	4.340	4.920	5.900	7.080
	其他机械费	%	2.000	2.000	2.000	2.000
定额编号			20157	20158	20159	20160

(2) 开挖断面 10m²

单位：100m³

项目		单位	岩石级别			
			Ⅴ～Ⅷ	Ⅸ、Ⅹ	Ⅺ、Ⅻ	ⅩⅢ、ⅩⅣ
人工		工日	67.480	94.120	124.400	167.980
材料	合金钻头	个	6.720	11.400	15.960	21.580
	炸药	kg	169.270	224.760	255.090	279.590
	雷管	个	224.300	297.830	338.020	370.490
	导线	m	475.600	628.060	716.860	788.600
	其他材料费	%	4.000	4.000	4.000	4.000
机械	气腿式风钻	台班	6.250	11.580	18.830	30.650
	轴流通风机 37kW	台班	3.380	4.050	4.860	5.830
	其他机械费	%	2.000	2.000	2.000	2.000
定额编号			20161	20162	20163	20164

（3）开挖断面 15m²

单位：100m³

项目		单位	岩石级别			
			Ⅴ～Ⅷ	Ⅸ、Ⅹ	Ⅺ、Ⅻ	ⅩⅢ、ⅩⅣ
人工		工日	56.390	75.670	97.590	130.340
材料	合金钻头	个	4.340	7.360	10.530	14.630
	炸药	kg	107.220	142.180	164.810	185.210
	雷管	个	143.570	190.470	219.230	244.360
	导线	m	320.670	425.080	495.870	561.420
	其他材料费	%	4.000	4.000	4.000	4.000
机械	气腿式风钻	台班	2.960	5.300	8.720	14.380
	手持式风钻	台班	1.350	2.460	4.190	7.200
	轴流通风机 37kW	台班	2.950	3.540	4.250	5.100
	其他机械费	%	2.000	2.000	2.000	2.000
定额编号			20165	20166	20167	20168

（4）井挖断面 30m²

单位：100m³

项目		单位	岩石级别			
			Ⅴ～Ⅷ	Ⅸ、Ⅹ	Ⅺ、Ⅻ	ⅩⅢ、ⅩⅣ
人工		工日	40.490	55.270	73.430	100.940
材料	合金钻头	个	3.580	6.060	8.770	12.300
	炸药	kg	87.410	115.850	135.630	154.200
	雷管	个	104.460	138.500	160.970	181.480
	导线	m	306.320	405.850	477.250	545.290
	其他材料费	%	4.000	4.000	4.000	4.000
机械	气腿式风钻	台班	2.330	4.180	6.980	11.690
	手持式风钻	台班	1.270	2.300	3.930	6.760
	轴流通风机 55kW	台班	2.300	2.750	3.300	3.960
	其他机械费	%	2.000	2.000	2.000	2.000
定额编号			20169	20170	20171	20172

（5）开挖断面 60m²

单位：100m³

项目		单位	岩石级别			
			V～Ⅷ	Ⅸ、Ⅹ	Ⅺ、Ⅻ	ⅩⅢ、ⅩⅣ
人工		工日	31.830	43.680	58.620	81.490
材料	合金钻头	个	3.290	5.570	8.070	11.360
	炸药	kg	82.280	109.030	127.890	145.720
	雷管	个	86.880	115.150	134.470	152.430
	导线	m	299.390	396.650	466.810	533.850
	其他材料费	%	4.000	4.000	4.000	4.000
机械	气腿式风钻	台班	2.130	3.820	6.390	10.740
	手持式风钻	台班	1.190	2.160	3.690	6.340
	轴流通风机 55kW	台班	1.710	2.060	2.470	2.970
	其他机械费	%	2.000	2.000	2.000	2.000
定额编号			20173	20174	20175	20176

二-20　平洞石方开挖-二臂凿岩台车钻孔

适用范围：平洞二臂凿岩台车钻孔。

工作内容：钻孔、爆破、安全处理、翻渣、清面、修整。

（1）开挖断面≤30m²

单位：100m³

项目		单位	岩石级别			
			V～Ⅷ	Ⅸ、Ⅹ	Ⅺ、Ⅻ	ⅩⅢ、ⅩⅣ
人工		工日	20.180	26.140	31.700	38.500
材料	钻头 ϕ45	个	0.470	0.560	0.660	0.750
	钻头 ϕ102	个	0.010	0.010	0.010	0.020
	钻杆	m	0.710	0.810	0.920	1.010
	炸药	kg	125.490	143.510	162.740	178.270
	毫秒雷管	个	94.470	108.040	122.510	134.200
	导爆管	m	634.270	725.380	822.560	901.030
	其他材料费	%	15.000	15.000	15.000	15.000
机械	凿岩台车 液压 二臂	台班	0.360	0.430	0.530	0.630
	液压平台车	台班	0.140	0.160	0.180	0.200
	轴流通风机 37kW	台班	1.970	2.360	2.830	3.400
	其他机械费	%	2.000	2.000	2.000	2.000
定额编号			20177	20178	20179	20180

（2）开挖断面 $60m^2$

单位：$100m^3$

项目		单位	岩石级别			
			Ⅴ～Ⅷ	Ⅸ、Ⅹ	Ⅺ、Ⅻ	XIII、XIV
人工		工日	14.190	18.460	22.370	27.100
材料	钻头 $\phi45$	个	0.390	0.460	0.550	0.620
	钻头 $\phi102$	个	0.010	0.010	0.010	0.010
	钻杆	m	0.590	0.670	0.760	0.830
	炸药	kg	104.070	119.030	134.960	147.840
	毫秒雷管	个	78.340	89.600	101.600	111.290
	导爆管	m	536.270	613.300	695.470	761.820
	其他材料费	%	15.000	15.000	15.000	15.000
机械	凿岩台车 液压 二臂	台班	0.300	0.360	0.440	0.520
	液压平台车	台班	0.150	0.170	0.190	0.210
	轴流通风机 55kW	台班	1.470	1.770	2.120	2.540
	其他机械费	%	2.000	2.000	2.000	2.000
定额编号			20181	20182	20183	20184

二-21 平洞石方开挖-三臂液压凿岩台车钻孔

适用范围：平洞三臂凿岩机钻孔。

工作内容：钻孔、爆破、安全处理、翻渣、清面、修整。

(1) 开挖断面≤$30m^2$

单位：$100m^3$

项目		单位	岩石级别			
			Ⅴ～Ⅷ	Ⅸ、Ⅹ	Ⅺ、Ⅻ	ⅩⅢ、ⅩⅣ
人工		工日	19.570	25.360	30.750	37.350
材料	钻头 ϕ45	个	0.470	0.560	0.660	0.750
	钻头 ϕ102	个	0.010	0.010	0.010	0.020
	钻杆	m	0.710	0.810	0.920	1.010
	炸药	kg	125.490	143.510	162.740	178.270
	毫秒雷管	个	94.470	108.040	122.510	134.200
	导爆管	m	634.270	725.380	822.560	901.030
	其他材料费	%	15.000	15.000	15.000	15.000
机械	凿岩台车 液压 三臂	台班	0.250	0.300	0.370	0.440
	液压平台车	台班	0.140	0.160	0.180	0.200
	轴流通风机 37kW	台班	1.970	2.360	2.830	3.400
	其他机械费	%	2.000	2.000	2.000	2.000
定额编号			20185	20186	20187	20188

（2）开挖断面 $60m^2$

单位：$100m^3$

项目		单位	岩石级别			
			Ⅴ～Ⅷ	Ⅸ、Ⅹ	Ⅺ、Ⅻ	ⅩⅢ、ⅩⅣ
人工		工日	13.760	17.910	21.700	26.290
材料	钻头 $\phi45$	个	0.390	0.460	0.550	0.620
	钻头 $\phi102$	个	0.010	0.010	0.010	0.010
	钻杆	m	0.590	0.670	0.760	0.830
	炸药	kg	104.070	119.030	134.960	147.840
	毫秒雷管	个	78.340	89.600	101.600	111.290
	导爆管	m	536.270	613.300	695.470	761.820
	其他材料费	%	15.000	15.000	15.000	15.000
机械	凿岩台车 液压 三臂	台班	0.210	0.250	0.310	0.360
	液压平台车	台班	0.150	0.170	0.190	0.210
	轴流通风机 55kW	台班	1.470	1.770	2.120	2.540
	其他机械费	%	2.000	2.000	2.000	2.000
定额编号			20189	20190	20191	20192

二-22 斜井石方开挖-风钻钻孔（下行）

适用范围：斜井下行全断面，风钻钻孔。

工作内容：钻孔、爆破、安全处理、翻渣、清面、修整。

（1）开挖断面≤10m²

单位：100m³

项目		单位	岩石级别			
			Ⅴ～Ⅷ	Ⅸ、Ⅹ	Ⅺ、Ⅻ	ⅩⅢ、ⅩⅣ
人工		工日	72.780	102.250	142.530	206.100
材料	合金钻头	个	10.660	18.120	25.400	34.400
	炸药	kg	283.280	377.220	428.710	470.340
	雷管	个	364.160	484.930	551.130	604.640
	导线	m	804.630	1071.470	1217.730	1335.960
	其他材料费	%	4.000	4.000	4.000	4.000
机械	手持式风钻	台班	10.900	19.530	31.800	51.780
	轴流通风机 14kW	台班	6.540	7.840	9.410	11.290
	其他机械费	%	5.000	5.000	5.000	5.000
定额编号			20193	20194	20195	20196

（2）开挖断面 15m²

单位：100m³

项目		单位	岩石级别			
			Ⅴ～Ⅷ	Ⅸ、Ⅹ	Ⅺ、Ⅻ	ⅩⅢ、ⅩⅣ
人工		工日	61.060	85.560	115.890	161.920
材料	合金钻头	个	6.190	10.470	14.940	20.690
	炸药	kg	159.390	210.480	243.310	272.790
	雷管	个	217.590	287.960	331.420	369.560
	导线	m	451.390	594.680	690.700	779.040
	其他材料费	%	4.000	4.000	4.000	4.000
机械	气腿式风钻	台班	2.020	3.530	6.040	10.220
	手持式风钻	台班	4.510	8.150	13.370	22.140
	轴流通风机 37kW	台班	4.740	5.700	6.830	8.190
	其他机械费	%	5.000	5.000	5.000	5.000
定额编号			20197	20198	20199	20200

(3) 开挖断面 $30m^2$

单位：$100m^3$

项目		单位	岩石级别			
			Ⅴ～Ⅷ	Ⅸ、Ⅹ	Ⅺ、Ⅻ	ⅩⅢ、ⅩⅣ
人工		工日	52.010	71.480	96.140	133.910
材料	合金钻头	个	5.100	8.590	12.360	17.280
	炸药	kg	129.360	170.060	198.140	224.340
	雷管	个	163.300	215.170	249.590	281.090
	导线	m	415.410	545.030	637.460	725.280
	其他材料费	%	4.000	4.000	4.000	4.000
机械	气腿式风钻	台班	1.870	3.340	5.660	9.670
	手持式风钻	台班	3.580	6.400	10.650	17.790
	轴流通风机 37kW	台班	2.870	3.450	4.140	4.970
	其他机械费	%	5.000	5.000	5.000	5.000
定额编号			20201	20202	20203	20204

(4) 开挖断面 $60m^2$

单位：$100m^3$

项目		单位	岩石级别			
			Ⅴ～Ⅷ	Ⅸ、Ⅹ	Ⅺ、Ⅻ	ⅩⅢ、ⅩⅣ
人工		工日	41.420	56.760	76.320	106.480
材料	合金钻头	个	4.290	7.280	10.530	14.800
	炸药	kg	108.560	144.020	168.720	191.900
	雷管	个	115.000	152.640	178.070	196.580
	导线	m	397.060	526.540	618.620	705.950
	其他材料费	%	4.000	4.000	4.000	4.000
机械	气腿式风钻	台班	1.810	3.260	5.540	9.490
	手持式风钻	台班	2.770	4.990	8.370	14.040
	轴流通风机 55kW	台班	1.860	2.240	2.690	3.220
	其他机械费	%	5.000	5.000	5.000	5.000
定额编号			20205	20206	20207	20208

二-23 斜井石方开挖-风钻钻孔（上行）

适用范围：斜井上行全断面，风钻钻孔。

工作内容：钻孔、爆破、安全处理、翻渣、清面、修整。

（1）开挖断面≤10m²

单位：100m³

项目		单位	岩石级别			
			Ⅴ～Ⅷ	Ⅸ、Ⅹ	Ⅺ、Ⅻ	ⅩⅢ、ⅩⅣ
人工		工日	83.620	125.220	174.920	249.800
材料	合金钻头	个	8.900	15.200	21.200	28.700
	炸药	kg	230.800	306.500	347.900	381.300
	雷管	个	305.860	406.130	460.130	483.080
	导线	m	675.810	897.350	1018.450	1116.270
	其他材料费	%	4.000	4.000	4.000	4.000
机械	手持式风钻	台班	10.960	19.600	31.920	51.920
	轴流通风机 14kW	台班	4.240	5.040	6.080	7.280
	其他机械费	%	5.000	5.000	5.000	5.000
定额编号			20209	20210	20211	20212

（2）开挖断面 15m²

单位：100m³

项目		单位	岩石级别			
			Ⅴ～Ⅷ	Ⅸ、Ⅹ	Ⅺ、Ⅻ	ⅩⅢ、ⅩⅣ
人工		工日	70.250	98.900	131.840	181.060
材料	合金钻头	个	5.790	9.760	13.940	19.330
	炸药	kg	146.290	192.740	222.990	250.390
	雷管	个	199.850	263.840	303.750	339.000
	导线	m	427.730	562.520	653.810	738.290
	其他材料费	%	4.000	4.000	4.000	4.000
机械	气腿式风钻	台班	4.710	8.500	13.970	23.030
	手持式风钻	台班	2.000	3.490	5.920	10.110
	轴流通风机 37kW	台班	3.780	4.530	5.440	6.530
	其他机械费	%	5.000	5.000	5.000	5.000
定额编号			20213	20214	20215	20216

(3) 开挖断面 30m²

单位：100m³

项目		单位	岩石级别			
			Ⅴ～Ⅷ	Ⅸ、Ⅹ	Ⅺ、Ⅻ	ⅩⅢ、ⅩⅣ
人工		工日	55.180	75.660	100.780	138.900
材料	合金钻头	个	4.900	8.240	11.860	16.600
	炸药	kg	122.770	161.140	187.920	213.070
	雷管	个	154.160	202.750	235.340	265.340
	导线	m	403.220	528.460	618.460	704.290
	其他材料费	%	4.000	4.000	4.000	4.000
机械	气腿式风钻	台班	3.670	6.550	10.900	18.180
	手持式风钻	台班	1.870	3.340	5.660	9.670
	轴流通风机 37kW	台班	2.380	2.860	3.440	4.130
	其他机械费	%	5.000	5.000	5.000	5.000
定额编号			20217	20218	20219	20220

(4) 开挖断面 60m²

单位：100m³

项目		单位	岩石级别			
			Ⅴ～Ⅷ	Ⅸ、Ⅹ	Ⅺ、Ⅻ	ⅩⅢ、ⅩⅣ
人工		工日	43.800	60.000	80.400	111.680
材料	合金钻头	个	4.120	6.990	10.110	14.230
	炸药	kg	105.610	139.950	164.150	187.020
	雷管	个	108.940	144.400	168.610	191.110
	导线	m	383.670	508.330	597.720	682.880
	其他材料费	%	4.000	4.000	4.000	4.000
机械	气腿式风钻	台班	2.840	5.120	8.580	14.370
	手持式风钻	台班	1.810	3.260	5.540	9.490
	轴流通风机 55kW	台班	1.490	1.780	2.140	2.580
	其他机械费	%	5.000	5.000	5.000	5.000
定额编号			20221	20222	20223	20224

二-24 斜井石方开挖-爬罐开导井

适用范围：斜井爬罐开导井，风钻钻孔扩大。

工作内容：钻孔、爆破、安全处理、翻渣、清面、修整。

(1) 开挖断面≤30m²

单位：100m³

项目		单位	岩石级别			
			Ⅴ～Ⅷ	Ⅸ、Ⅹ	Ⅺ、Ⅻ	ⅩⅢ、ⅩⅣ
人工		工日	50.770	69.220	92.010	126.680
材料	合金钻头	个	4.790	8.050	11.600	16.290
	炸药	kg	116.820	153.200	179.020	203.480
	雷管	个	146.050	191.890	223.270	252.470
	导线	m	401.940	526.430	617.040	704.010
	其他材料费	%	5.000	5.000	5.000	5.000
机械	气腿式风钻	台班	1.960	3.500	5.940	10.140
	手持式风钻	台班	1.960	3.500	5.940	10.140
	爬罐 电动 STH-5E	台班	1.090	1.890	2.870	4.400
	轴流通风机 37kW	台班	2.380	2.860	3.420	4.110
	其他机械费	%	2.000	2.000	2.000	2.000
定额编号			20225	20226	20227	20228

(2) 开挖断面 60m²

单位：100m³

项目		单位	岩石级别			
			Ⅴ～Ⅷ	Ⅸ、Ⅹ	Ⅺ、Ⅻ	ⅩⅢ、ⅩⅣ
人工		工日	41.810	56.360	74.630	102.640
材料	合金钻头	个	3.890	6.600	9.620	13.630
	炸药	kg	94.510	125.200	147.760	169.520
	雷管	个	101.920	135.050	158.570	180.860
	导线	m	360.150	476.970	564.630	649.950
	其他材料费	%	5.000	5.000	5.000	5.000
机械	气腿式风钻	台班	1.880	3.400	5.780	9.910
	手持式风钻	台班	1.880	3.400	5.780	9.910
	爬罐 电动 STH-5E	台班	0.580	1.020	1.550	2.370
	轴流通风机 55kW	台班	1.560	1.870	2.250	2.700
	其他机械费	%	2.000	2.000	2.000	2.000
定额编号			20229	20230	20231	20232

二-25 斜井石方开挖-反井钻机开导井

适用范围：斜井反井钻机开导井，风钻钻孔扩大。

工作内容：钻孔、爆破、安全处理、翻渣、清面、修整。

(1) 开挖断面≤30m²

单位：$100m^3$

项目		单位	岩石级别			
			V～Ⅷ	Ⅸ、Ⅹ	Ⅺ、Ⅻ	ⅫⅠ、ⅩⅣ
人工		工日	43.370	57.940	76.640	105.330
材料	合金钻头	个	3.930	6.580	9.580	13.600
	炸药	kg	94.770	123.750	146.060	168.030
	雷管	个	101.090	132.010	155.810	179.250
	导线	m	361.050	471.470	556.470	640.160
	其他材料费	%	10.000	10.000	10.000	10.000
机械	气腿式风钻	台班	2.140	3.820	6.480	11.060
	手持式风钻	台班	2.140	3.820	6.480	11.060
	反井钻机 LM-200	台班	1.260	1.920	2.710	3.670
	轴流通风机 37kW	台班	1.260	1.520	1.820	2.180
	其他机械费	%	1.000	1.000	1.000	1.000
定额编号			20233	20234	20235	20236

(2) 开挖断面60m²

单位：$100m^3$

项目		单位	岩石级别			
			V～Ⅷ	Ⅸ、Ⅹ	Ⅺ、Ⅻ	ⅫⅠ、ⅩⅣ
人工		工日	37.680	50.060	66.050	90.720
材料	合金钻头	个	3.400	5.780	8.480	12.110
	炸药	kg	82.050	108.630	129.230	149.570
	雷管	个	76.590	101.400	120.630	139.610
	导线	m	336.980	446.150	530.760	614.290
	其他材料费	%	10.000	10.000	10.000	10.000
机械	气腿式风钻	台班	1.860	3.350	5.740	9.860
	手持式风钻	台班	1.860	3.350	5.740	9.860
	反井钻机 LM-200	台班	0.660	1.000	1.410	1.910
	轴流通风机 37kW	台班	0.940	1.140	1.360	1.630
	其他机械费	%	1.000	1.000	1.000	1.000
定额编号			20237	20238	20239	20240

二-26 竖井石方开挖-风钻钻孔（下行）

适用范围：竖井下行全断面，风钻钻孔。

工作内容：钻孔、爆破、安全处理、清面、修整。

（1）开挖断面≤10m²

单位：100m³

项目		单位	岩石级别			
			Ⅴ～Ⅷ	Ⅸ、Ⅹ	Ⅺ、Ⅻ	ⅩⅢ、ⅩⅣ
人工		工日	63.020	95.580	134.780	193.630
材料	合金钻头	个	9.950	16.910	23.710	32.100
	炸药	kg	264.390	352.070	400.130	438.980
	雷管	个	339.890	452.600	514.390	564.330
	导线	m	750.980	1000.040	1136.550	1246.900
	其他材料费	%	4.000	4.000	4.000	4.000
机械	手持式风钻	台班	9.600	17.180	27.990	45.600
	轴流通风机 14kW	台班	6.540	7.850	9.420	11.300
	其他机械费	%	5.000	5.000	5.000	5.000
定额编号			20241	20242	20243	20244

（2）开挖断面 15m²

单位：100m³

项目		单位	岩石级别			
			Ⅴ～Ⅷ	Ⅸ、Ⅹ	Ⅺ、Ⅻ	ⅩⅢ、ⅩⅣ
人工		工日	48.300	69.790	96.540	137.260
材料	合金钻头	个	5.780	8.730	13.920	19.270
	炸药	kg	148.720	196.450	226.980	254.340
	雷管	个	204.110	270.170	310.830	346.420
	导线	m	418.750	551.800	640.630	722.160
	其他材料费	%	4.000	4.000	4.000	4.000
机械	手持式风钻	台班	5.740	10.260	17.040	28.420
	轴流通风机 37kW	台班	4.740	5.700	6.830	8.190
	其他机械费	%	5.000	5.000	5.000	5.000
定额编号			20245	20246	20247	20248

(3) 开挖断面 $30m^2$

单位：$100m^3$

项目		单位	岩石级别			
			Ⅴ～Ⅷ	Ⅸ、Ⅹ	Ⅺ、Ⅻ	ⅩⅢ、ⅩⅣ
人工		工日	38.780	55.040	75.780	107.720
材料	合金钻头	个	4.710	7.930	11.410	15.940
	炸药	kg	119.530	157.170	183.040	207.140
	雷管	个	151.700	199.930	231.820	260.920
	导线	m	381.970	501.240	586.060	666.530
	其他材料费	%	4.000	4.000	4.000	4.000
机械	手持式风钻	台班	4.740	8.470	14.190	23.890
	轴流通风机 37kW	台班	2.870	3.450	4.140	4.970
	其他机械费	%	5.000	5.000	5.000	5.000
定额编号			20249	20250	20251	20252

(4) 开挖断面 $60m^2$

单位：$100m^3$

项目		单位	岩石级别			
			Ⅴ～Ⅷ	Ⅸ、Ⅹ	Ⅺ、Ⅻ	ⅩⅢ、ⅩⅣ
人工		工日	32.630	45.880	62.900	89.270
材料	合金钻头	个	3.960	6.720	9.720	13.640
	炸药	kg	100.290	133.050	155.790	177.110
	雷管	个	106.700	141.640	165.140	186.810
	导线	m	365.730	485.010	569.580	649.680
	其他材料费	%	4.000	4.000	4.000	4.000
机械	手持式风钻	台班	3.980	7.180	12.100	20.460
	轴流通风机 55kW	台班	1.860	2.240	2.690	3.220
	其他机械费	%	5.000	5.000	5.000	5.000
定额编号			20253	20254	20255	20256

二-27　竖井石方开挖-风钻钻孔（上行）

适用范围：竖井上行全断面，风钻钻孔。

工作内容：钻孔、爆破、翻渣、安全处理、清面、修整。

（1）开挖断面≤10m²

单位：100m³

项目		单位	岩石级别			
			Ⅴ～Ⅷ	Ⅸ、Ⅹ	Ⅺ、Ⅻ	XⅢ、XⅣ
人工		工日	82.000	121.230	166.930	234.900
材料	合金钻头	个	8.350	14.170	19.840	26.830
	炸药	kg	215.430	286.060	324.650	355.840
	雷管	个	285.470	379.050	430.210	471.530
	导线	m	630.760	837.530	950.550	1041.850
	其他材料费	%	4.000	4.000	4.000	4.000
机械	气腿式风钻	台班	9.680	17.270	28.090	45.720
	轴流通风机 14kW	台班	4.220	5.060	6.080	7.300
	其他机械费	%	5.000	5.000	5.000	5.000
定额编号			20257	20258	20259	20260

（2）开挖断面15m²

单位：100m³

项目		单位	岩石级别			
			Ⅴ～Ⅷ	Ⅸ、Ⅹ	Ⅺ、Ⅻ	XⅢ、XⅣ
人工		工日	61.640	87.480	117.360	161.570
材料	合金钻头	个	5.390	9.090	12.980	17.980
	炸药	kg	136.250	179.550	207.630	233.010
	雷管	个	187.210	247.200	284.480	317.320
	导线	m	396.220	521.180	605.490	683.360
	其他材料费	%	4.000	4.000	4.000	4.000
机械	气腿式风钻	台班	3.220	5.750	9.360	15.220
	手持式风钻	台班	2.680	4.790	8.130	13.890
	轴流通风机 37kW	台班	3.780	4.530	5.440	6.530
	其他机械费	%	5.000	5.000	5.000	5.000
定额编号			20261	20262	20263	20264

（3）开挖断面 30m²

单位：100m³

项目		单位	岩石级别			
			Ⅴ～Ⅷ	Ⅸ、Ⅹ	Ⅺ、Ⅻ	ⅩⅢ、ⅩⅣ
人工		工日	46.430	65.280	88.120	122.630
材料	合金钻头	个	4.520	7.590	10.930	15.290
	炸药	kg	113.240	148.680	173.310	196.410
	雷管	个	142.990	188.100	218.240	245.930
	导线	m	370.360	485.470	567.960	646.540
	其他材料费	%	4.000	4.000	4.000	4.000
机械	气腿式风钻	台班	2.160	3.820	6.260	10.260
	手持式风钻	台班	2.660	4.780	8.160	13.980
	轴流通风机 37kW	台班	2.380	2.860	3.440	4.130
	其他机械费	%	5.000	5.000	5.000	5.000
定额编号			20265	20266	20267	20268

（4）开挖断面 60m²

单位：100m³

项目		单位	岩石级别			
			Ⅴ～Ⅷ	Ⅸ、Ⅹ	Ⅺ、Ⅻ	ⅩⅢ、ⅩⅣ
人工		工日	35.220	49.290	67.050	94.400
材料	合金钻头	个	3.800	6.440	9.320	13.100
	炸药	kg	95.090	126.010	147.730	168.220
	雷管	个	100.930	133.790	156.130	176.860
	导线	m	352.960	467.670	549.680	627.700
	其他材料费	%	4.000	4.000	4.000	4.000
机械	气腿式风钻	台班	1.340	2.400	3.900	6.340
	手持式风钻	台班	2.710	4.900	8.380	14.410
	轴流通风机 55kW	台班	1.490	1.780	2.140	2.580
	其他机械费	%	5.000	5.000	5.000	5.000
定额编号			20269	20270	20271	20272

二-28 竖井石方开挖-爬罐开导井

适用范围：竖井爬罐开导井，风钻钻孔扩大。

工作内容：钻孔、爆破、安全处理、翻渣、清面、修整。

（1）开挖断面≤30m²

单位：100m³

项目		单位	岩石级别			
			Ⅴ～Ⅷ	Ⅸ、Ⅹ	Ⅺ、Ⅻ	ⅩⅢ、ⅩⅣ
人工		工日	40.730	55.920	74.070	101.220
材料	合金钻头	个	4.410	7.400	10.670	14.970
	炸药	kg	110.190	144.530	168.820	191.810
	雷管	个	135.090	177.520	206.460	233.340
	导线	m	368.480	482.670	565.600	645.110
	其他材料费	%	5.000	5.000	5.000	5.000
机械	手持式风钻	台班	3.360	6.000	10.180	17.380
	爬罐 电动 STH-5E	台班	1.010	1.740	2.620	4.010
	轴流通风机 37kW	台班	2.380	2.860	3.430	4.120
	其他机械费	%	2.000	2.000	2.000	2.000
定额编号			20273	20274	20275	20276

（2）开挖断面60m²

单位：100m³

项目		单位	岩石级别			
			Ⅴ～Ⅷ	Ⅸ、Ⅹ	Ⅺ、Ⅻ	ⅩⅢ、ⅩⅣ
人工		工日	33.420	45.540	60.480	83.220
材料	合金钻头	个	3.570	6.050	8.810	12.480
	炸药	kg	88.790	117.610	138.770	159.150
	雷管	个	93.900	124.420	146.030	166.480
	导线	m	329.070	435.810	515.800	593.610
	其他材料费	%	5.000	5.000	5.000	5.000
机械	手持式风钻	台班	3.030	5.490	9.390	16.140
	爬罐 电动 STH-5E	台班	0.540	0.940	1.420	2.160
	轴流通风机 55kW	台班	1.560	1.870	2.250	2.700
	其他机械费	%	2.000	2.000	2.000	2.000
定额编号			20277	20278	20279	20280

二-29　竖井石方开挖-反井钻机开导井

适用范围：竖井反井钻机开导井，风钻钻孔扩大。

工作内容：钻孔、爆破、安全处理、翻渣、清面、修整。

（1）开挖断面≤30m²

单位：100m³

项　目		单位	岩石级别			
			Ⅴ～Ⅷ	Ⅸ、Ⅹ	Ⅺ、Ⅻ	ⅩⅢ、ⅩⅣ
人　工		工日	39.710	55.620	76.530	109.020
材料	合金钻头	个	3.570	5.980	8.710	12.370
	炸药	kg	88.310	115.320	136.100	156.580
	雷管	个	91.900	120.010	141.650	162.950
	导线	m	328.230	428.610	505.880	581.970
	其他材料费	%	15.000	15.000	15.000	15.000
机械	手持式风钻	台班	3.670	6.550	11.120	18.980
	反井钻机 LM-200	台班	0.770	1.190	1.700	2.340
	轴流通风机 37kW	台班	1.260	1.520	1.820	2.180
	其他机械费	%	1.000	1.000	1.000	1.000
定　额　编　号			20281	20282	20283	20284

（2）开挖断面 60m²

单位：100m³

项　目		单位	岩石级别			
			Ⅴ～Ⅷ	Ⅸ、Ⅹ	Ⅺ、Ⅻ	ⅩⅢ、ⅩⅣ
人　工		工日	29.800	40.780	55.100	77.350
材料	合金钻头	个	3.090	5.250	7.710	11.010
	炸药	kg	76.460	101.230	120.430	139.380
	雷管	个	69.620	92.180	109.660	126.920
	导线	m	306.350	405.590	482.510	558.450
	其他材料费	%	15.000	15.000	15.000	15.000
机械	手持式风钻	台班	3.180	5.750	9.840	16.900
	反井钻机 LM-200	台班	0.400	0.620	0.880	1.220
	轴流通风机 55kW	台班	0.940	1.140	1.360	1.630
	其他机械费	%	1.000	1.000	1.000	1.000
定　额　编　号			20285	20286	20287	20288

二-30 平洞超挖石方（机械装渣）

适用范围：机械装渣（不包括装岩机）。

工作内容：超挖部分翻渣清面，修整断面（不包括装渣）。

（1）开挖断面≤15m²

单位：100m³

项目	单位	岩石级别			
		Ⅴ～Ⅷ	Ⅸ、Ⅹ	Ⅺ、Ⅻ	ⅩⅢ、ⅩⅣ
人工	工日	11.420	13.770	16.070	18.840
定额编号		20289	20290	20291	20292

（2）开挖断面≤30m²

单位：100m³

项目	单位	岩石级别			
		Ⅴ～Ⅷ	Ⅸ、Ⅹ	Ⅺ、Ⅻ	ⅩⅢ、ⅩⅣ
人工	工日	9.580	11.450	13.230	15.340
定额编号		20293	20294	20295	20296

（3）开挖断面≤60m²

单位：100m³

项目	单位	岩石级别			
		Ⅴ～Ⅷ	Ⅸ、Ⅹ	Ⅺ、Ⅻ	ⅩⅢ、ⅩⅣ
人工	工日	8.040	9.520	10.900	12.540
定额编号		20297	20298	20299	20300

二-31 斜、竖井超挖石方（先导后扩）

适用范围：自上而下扩挖，人力翻渣经导井溜下。

工作内容：超挖部分翻渣清面，修整断面。

（1）开挖断面≤15m²

单位：100m³

项目	单位	岩石级别			
		Ⅴ～Ⅷ	Ⅸ、Ⅹ	Ⅺ、Ⅻ	ⅩⅢ、ⅩⅣ
人工	工日	14.470	17.200	19.820	22.870
定额编号		20301	20302	20303	20304

（2）开挖断面≤30m²

单位：100m³

项目	单位	岩石级别			
		Ⅴ～Ⅷ	Ⅸ、Ⅹ	Ⅺ、Ⅻ	ⅩⅢ、ⅩⅣ
人工	工日	12.880	15.120	17.280	19.600
定额编号		20305	20306	20307	20308

（3）开挖断面≤60m²

单位：100m³

项目	单位	岩石级别			
		Ⅴ～Ⅷ	Ⅸ、Ⅹ	Ⅺ、Ⅻ	ⅩⅢ、ⅩⅣ
人工	工日	12.160	14.160	15.840	17.920
定额编号		20309	20310	20311	20312

二-32 平洞、斜井、竖井超挖石方（不含翻渣装渣）

开挖断面≤10m²

适用范围：平洞人工或装岩机装渣，斜井、竖井下行全断面或上行全断面开挖。

工作内容：超挖部分修整断面（不含翻渣装渣）。

单位：100m³

项目	单位	岩石级别			
		Ⅴ～Ⅷ	Ⅸ、Ⅹ	Ⅺ、Ⅻ	ⅩⅢ、ⅩⅣ
人工	工日	5.400	7.520	9.640	12.640
定额编号		20313	20314	20315	20316

二-33 液压锤破碎岩石

工作内容：装卸机头、机械移动、破碎岩石。

单位：100m³

项目		单位	岩石级别			
			Ⅴ～Ⅷ		Ⅸ～Ⅻ	
			一般石方	沟槽、坑	一般石方	沟槽、坑
人工		工日	3.100	3.200	3.150	3.250
材料	零星材料费	%	5.000	5.000	5.000	5.000
机械	挖掘机 1m³	台班	3.240	3.920	4.090	4.950
定额编号			20317	20318	20319	20320

二-34　0.35m³ 挖掘机装石渣汽车运输

工作内容：挖装、运输、卸除、空回。

（1）露　天

单位：100m³

项目		单位	运距≤0.5km	运距1km	运距2km	运距3km	运距4km	运距5km	每增运1km
人工		工日	4.670	4.670	4.670	4.670	4.670	4.670	
材料	零星材料费	%	2.000	2.000	2.000	2.000	2.000	2.000	
机械	挖掘机 0.35m³	台班	1.080	1.080	1.080	1.080	1.080	1.080	
	推土机 74kW	台班	0.240	0.240	0.240	0.240	0.240	0.240	
	自卸汽车 1.5t	台班	6.700	7.880	10.150	12.230	14.190	16.070	1.730
	3.5t	台班	2.870	3.370	4.350	5.240	6.090	6.880	0.720
	5t	台班	2.180	2.570	3.310	3.990	4.630	5.240	0.570
定额编号			20321	20322	20323	20324	20325	20326	20327

（2）洞　内

单位：100m³

项目		单位	运距≤0.5km	运距 1km	运距 2km	运距 3km	每增运 1km
人工		工日	5.780	5.780	5.780	5.780	
材料	零星材料费	%	2.000	2.000	2.000	2.000	
机械	挖掘机 0.35m³	台班	1.330	1.330	1.330	1.330	
	推土机 74kW	台班	0.290	0.290	0.290	0.290	
	自卸汽车 1.5t	台班	7.760	10.750	16.270	20.870	1.800
	3.5t	台班	3.320	4.610	6.980	8.950	0.750
	5t	台班	2.530	3.500	5.310	6.800	0.590
定额编号			20328	20329	20330	20331	20332

二-35 0.6m^3挖掘机装石渣汽车运输

工作内容：挖装、运输、卸除、空回。

(1) 露 天

单位：100m^3

项目		单位	运距≤0.5km	运距1km	运距2km	运距3km	运距4km	运距5km	每增运1km
人工		工日	3.870	3.870	3.870	3.870	3.870	3.870	
材料	零星材料费	%	2.000	2.000	2.000	2.000	2.000	2.000	
机械	挖掘机 0.6m^3	台班	0.610	0.610	0.610	0.610	0.610	0.610	
	推土机 74kW	台班	0.240	0.240	0.240	0.240	0.240	0.240	
	自卸汽车 3.5t	台班	2.810	3.310	4.250	5.120	5.950	6.740	0.720
	5t	台班	2.180	2.570	3.310	3.990	4.630	5.240	0.570
	8t	台班	1.490	1.740	2.200	2.630	3.030	3.410	0.360
定额编号			20333	20334	20335	20336	20337	20338	20339

（2）洞　　内

单位：100m^3

项目		单位	运距≤0.5km	运距1km	运距2km	运距3km	每增运1km
人工		工日	4.790	4.790	4.790	4.790	
材料	零星材料费	%	2.000	2.000	2.000	2.000	
机械	挖掘机 0.6m^3	台班	0.760	0.760	0.760	0.760	
	推土机 74kW	台班	0.290	0.290	0.290	0.290	
	自卸汽车 3.5t	台班	3.250	4.510	6.820	8.750	0.750
	5t	台班	2.530	3.500	5.310	6.800	0.590
	8t	台班	1.750	2.370	3.480	4.420	0.370
定额编号			20340	20341	20342	20343	20344

二-36 1m³挖掘机装石渣汽车运输

工作内容：挖装、运输、卸除、空回。

(1) 露　天

单位：100m³

项目		单位	运距≤0.5km	运距1km	运距2km	运距3km	运距4km	运距5km	每增运1km
人工		工日	2.050	2.050	2.050	2.050	2.050	2.050	
材料	零星材料费	%	2.000	2.000	2.000	2.000	2.000	2.000	
机械	挖掘机 1m³	台班	0.450	0.460	0.460	0.460	0.460	0.460	
	推土机 88kW	台班	0.230	0.230	0.230	0.230	0.230	0.230	
	自卸汽车 5t	台班	2.230	2.610	3.370	4.060	4.720	5.340	0.570
	8t	台班	1.510	1.780	2.250	2.680	3.080	3.470	0.360
定额编号			20345	20346	20347	20348	20349	20350	20351

（2）洞　　内

单位：100m³

项目		单位	运距≤0.5km	运距 1km	运距 2km	运距 3km	每增运 0.5km
人工		工日	2.600	2.600	2.600	2.600	
材料	零星材料费	%	2.000	2.000	2.000	2.000	
机械	挖掘机 $1m^3$	台班	0.570	0.570	0.570	0.570	
	推土机 88kW	台班	0.290	0.290	0.290	0.290	
	自卸汽车 5t	台班	2.580	3.560	5.360	6.850	0.590
	8t	台班	1.790	2.410	3.520	4.460	0.370
定额编号			20352	20353	20354	20355	20356

二-37　$2m^3$ 挖掘机装石渣汽车运输

工作内容：挖装、运输、卸除、空回。

（1）露　天

单位：$100m^3$

项　目		单位	运距≤0.5km	运距1km	运距2km	运距3km	运距4km	运距5km	每增运1km
人　工		工日	1.180	1.180	1.180	1.180	1.180	1.180	
材料	零星材料费	%	2.000	2.000	2.000	2.000	2.000	2.000	
机械	挖掘机 $2m^3$	台班	0.240	0.240	0.240	0.240	0.240	0.240	
	推土机 88kW	台班	0.130	0.130	0.130	0.130	0.130	0.130	
	自卸汽车 8t	台班	1.350	1.580	2.040	2.480	2.890	3.270	0.360
	10t	台班	1.210	1.420	1.820	2.200	2.560	2.780	0.290
	12t	台班	1.070	1.250	1.610	1.950	2.200	2.560	0.240
	15t	台班	0.880	1.040	1.350	1.580	1.870	2.090	0.190
定　额　编　号			20357	20358	20359	20360	20361	20362	20363

（2）洞　　内

单位：$100m^3$

项目		单位	运距≤0.5km	运距 1km	运距 2km	运距 3km	每增运 0.5km
人工		工日	1.490	1.490	1.490	1.490	
材料	零星材料费	%	2.000	2.000	2.000	2.000	
机械	挖掘机 $2m^3$	台班	0.300	0.300	0.300	0.300	
	推土机 88kW	台班	0.160	0.160	0.160	0.160	
	自卸汽车 8t	台班	1.540	2.160	3.280	4.230	0.370
	10t	台班	1.410	1.910	2.900	3.700	0.300
	12t	台班	1.240	1.700	2.560	3.300	0.250
	15t	台班	1.040	1.380	2.080	2.610	0.200
定额编号			20364	20365	20366	20367	20368

二-38 $1m^3$ 装载机装石渣汽车运输

工作内容：挖装、运输、卸除、空回。

（1）露　天

单位：$100m^3$

项目		单位	运距≤0.5km	运距1km	运距2km	运距3km	运距4km	运距5km	每增运1km
人工		工日	2.280	2.280	2.280	2.280	2.280	2.280	
材料	零星材料费	%	2.000	2.000	2.000	2.000	2.000	2.000	
机械	装载机 $1m^3$	台班	0.580	0.580	0.580	0.580	0.580	0.580	
	推土机 88kW	台班	0.290	0.290	0.290	0.290	0.290	0.290	
	自卸汽车 5t	台班	2.360	2.770	3.520	4.220	4.870	5.490	0.450
	8t	台班	1.630	1.920	2.390	2.810	3.250	3.750	0.220
定额编号			20369	20370	20371	20372	20373	20374	20375

（2）洞　内

单位：$100m^3$

项目		单位	运距≤0.5km	运距1km	运距2km	运距3km	每增运0.5km
人工		工日	2.780	2.780	2.780	2.780	
材料	零星材料费	%	2.000	2.000	2.000	2.000	
机械	装载机 $1m^3$	台班	0.720	0.720	0.720	0.720	
	推土机 88kW	台班	0.370	0.370	0.370	0.370	
	自卸汽车 5t	台班	2.770	3.770	5.600	7.120	0.590
	8t	台班	1.960	2.590	3.730	4.680	0.370
定额编号			20376	20377	20378	20379	20380

二-39　1.5m³ 装载机装石渣汽车运输

工作内容：挖装、运输、卸除、空回。

（1）露　天

单位：100m³

项目		单位	运距≤0.5km	运距 1km	运距 2km	运距 3km	运距 4km	运距 5km	每增运 1km
人工		工日	1.610	1.610	1.610	1.610	1.610	1.610	
材料	零星材料费	%	2.000	2.000	2.000	2.000	2.000	2.000	
机械	装载机 1.5m³	台班	0.410	0.410	0.410	0.410	0.410	0.410	
	推土机 88kW	台班	0.210	0.210	0.210	0.210	0.210	0.210	
	自卸汽车 8t	台班	1.490	1.750	2.220	2.650	3.050	3.450	0.360
	10t	台班	1.350	1.580	1.950	2.320	2.660	3.000	0.300
	12t	台班	1.280	1.530	1.830	2.140	2.420	2.730	0.260
定额编号			20381	20382	20383	20384	20385	20386	20387

（2）洞　　内

单位：$100m^3$

项目		单位	运距≤0.5km	运距 1km	运距 2km	运距 3km	每增运 0.5km
人工		工日	2.010	2.010	2.010	2.010	
材料	零星材料费	%	2.000	2.000	2.000	2.000	
机械	装载机 $1.5m^3$	台班	0.520	0.520	0.520	0.520	
	推土机 88kW	台班	0.270	0.270	0.270	0.270	
	自卸汽车 8t	台班	1.760	2.370	3.520	4.470	0.370
	10t	台班	1.600	2.100	3.070	3.880	0.310
	12t	台班	1.490	1.930	2.810	3.520	0.260
定额编号			20388	20389	20390	20391	20392

二-40　$2m^3$装载机装石渣汽车运输

工作内容：挖装、运输、卸除、空回。

(1) 露　天

单位：$100m^3$

项目		单位	运距≤0.5km	运距1km	运距2km	运距3km	运距4km	运距5km	每增运1km
人工		工日	1.270	1.270	1.270	1.270	1.270	1.270	
材料	零星材料费	%	2.000	2.000	2.000	2.000	2.000	2.000	
机械	装载机 $2m^3$	台班	0.330	0.330	0.330	0.330	0.330	0.330	
	推土机 88kW	台班	0.170	0.170	0.170	0.170	0.170	0.170	
	自卸汽车 8t	台班	1.410	1.670	2.140	2.570	2.970	3.360	0.360
	10t	台班	1.290	1.510	1.890	2.260	2.610	2.950	0.300
	12t	台班	1.140	1.330	1.680	2.010	2.320	2.630	0.260
	15t	台班	0.950	1.130	1.400	1.650	1.910	2.180	0.200
定额编号			20393	20394	20395	20396	20397	20398	20399

（2）洞　内

单位：$100m^3$

项目		单位	运距≤0.5km	运距 1km	运距 2km	运距 3km	每增运 0.5km
人工		工日	1.610	1.610	1.610	1.610	
材料	零星材料费	%	2.000	2.000	2.000	2.000	
机械	装载机 $2m^3$	台班	0.410	0.410	0.410	0.410	
	推土机 38kW	台班	0.200	0.200	0.200	0.200	
	自卸汽车 8t	台班	1.650	2.270	3.410	4.360	0.370
	10t	台班	1.520	2.040	3.010	3.820	0.310
	12t	台班	1.340	1.810	2.680	3.410	0.260
	15t	台班	1.120	1.500	2.250	2.800	0.200
定额编号			20400	20401	20402	20403	20404

二-41　$3m^3$装载机装石渣汽车运输

工作内容：挖装、运输、卸除、空回。

单位：$100m^3$

项目		单位	运距≤0.5km	运距1km	运距2km	运距3km	运距4km	运距5km	每增运1km
人工		工日	0.870	0.870	0.870	0.870	0.870	0.870	
材料	零星材料费	%	2.000	2.000	2.000	2.000	2.000	2.000	
机械	装载机 $3m^3$	台班	0.230	0.230	0.230	0.230	0.230	0.230	
	推土机 103kW	台班	0.120	0.120	0.120	0.120	0.120	0.120	
	自卸汽车 12t	台班	1.020	1.190	1.520	1.820	2.110	2.270	0.260
	15t	台班	0.870	1.020	1.270	1.490	1.710	1.930	0.200
	18t	台班	0.810	0.930	1.150	1.350	1.520	1.710	0.170
	20t	台班	0.720	0.850	1.050	1.210	1.380	1.530	0.150
	25t	台班	0.600	0.710	0.850	0.990	1.120	1.240	0.120
定额编号			20405	20406	20407	20408	20409	20410	20411

二-42 挖掘机挖石渣

适用范围：挖掘机挖沟槽、坑口等部位石渣。

工作内容：转挖、堆放、不装车。

单位：100m³

项目		单位	岩石类别	
			Ⅴ～Ⅷ	Ⅸ～ⅩⅣ
人工		工日	0.650	0.650
材料	零星材料费	%	2.000	2.000
机械	挖掘机 0.6m³	台班	0.330	0.350
	1m³	台班	0.280	0.290
	2m³	台班	0.150	0.160
定额编号			20412	20413

二-43 推土机推运石渣

工作内容：推运、堆集、空回、平场。

单位：100m³

项目		单位	运距≤20m	运距40m	运距60m	运距80m	运距100m
人工		工日	0.950	0.950	0.950	0.950	0.950
材料	零星材料费	%	5.000	5.000	5.000	5.000	5.000
机械	推土机 88kW	台班	0.430	0.620	0.800	0.990	1.210
	103kW	台班	0.380	0.560	0.730	0.910	1.100
	118kW	台班	0.370	0.540	0.720	0.900	1.080
	132kW	台班	0.340	0.500	0.670	0.830	1.010
定额编号			20414	20415	20416	20417	20418

二-44 平洞石渣运输

(1) 水平运输

适用范围：平洞开挖，洞内石渣运输。

工作内容：平洞内装载、组车、洞内外运输、卸除、空回。

单位：$100m^3$

项目		单位	$1m^3$ 斗车		$3.5m^3$ 矿车	
			运距 200m	每增运 100m	运距 200m	每增运 100m
人工		工日	9.390	0.480	5.470	0.240
材料	零星材料费	%	1.000		1.000	
机械	风动装岩机 $0.26m^3$	台班	1.160			
	立爪装岩机 $100m^3/h$	台班			0.610	
	V型斗车 窄轨 容积 $1m^3$	台班	15.430	0.860		
	矿车 窄轨 容积 $3.5m^3$	台班			3.580	0.230
	电瓶机车 5t	台班	0.960	0.110	1.190	0.070
	其他机械费	%	3.000		3.000	
定额编号			20419	20420	20421	20422

注 运距按洞内、洞外运距之和计算。

（2）通过斜井提升出渣

适用范围：平洞挖时，通过斜井出渣，井深不超过200m。

工作内容：井下摘挂钩、斜井内提升、卸于洞口或转载、空回。

单位：100m^3

项目		单位	斜井倾角 ≤10°	斜井倾角 10°～20°	斜井倾角 20°～30°
人工		工日	3.720	3.830	3.940
材料	零星材料费	%	2.000	2.000	2.000
机械	绞车 双筒 卷筒直径×卷筒宽度 1.2m×1.0m 30kW	台班	0.790	0.820	0.840
	V型斗车 窄轨 容积1m^3	台班	4.700	4.870	5.030
	矿车 窄轨 容积3.5m^3	台班	1.570	1.620	1.680
	其他机械费	%	3.000	3.000	3.000
定额编号			20423	20424	20425

注 1. 1m^3斗车与3.5m^3矿车只选其中一种。

2. 定额中不含装渣，应与“（1）水平运输”定额组合使用。

（3）通过竖井提升出渣

适用范围：平洞挖时，通过竖井出渣，井深小于100m。

工作内容：井下调车、井内提升、井口外30m人工卸渣、空回。

单位：100m^3

项目		单位	数量
人工		工日	7.880
材料	零星材料费	%	2.000
机械	绞车 双筒 卷筒直径×卷筒宽度 1.2m×1.0m 30kW	台班	1.050
	吊斗（桶）2m^3	台班	2.090
	其他机械费	%	3.000
定额编号			20426

注 定额中不含装渣，应与“（1）水平运输”定额组合使用。

二-45 斜井石渣运输

适用范围：洞内作业，井斜 6°～75°。

工作内容：撬移、解小、清渣、装车、运输、卸除、空回、平场等。

(1) 坡度≤10°

单位：100m³

项目		单位	装运卸 50m				洞内每增运 50m	洞外每增运 100m
			Ⅴ～Ⅷ	Ⅸ、Ⅹ	Ⅺ、Ⅻ	ⅩⅢ、ⅩⅣ		
人工		工日	31.590	34.020	36.350	39.290		
材料	零星材料费	%	2.000	2.000	2.000	2.000		
机械	卷扬机 单筒慢速 5t	台班	2.080	2.080	2.080	2.080	0.360	0.750
	V型斗车 窄轨 容积 1m³	台班	6.790	7.180	7.550	8.040	1.190	2.470
	其他机械费	%	1.000	1.000	1.000	1.000	1.000	1.000
定额编号			20427	20428	20429	20430	20431	20432

（2）坡度 10°～20°

单位：100m³

项目		单位	装运卸 50m				洞内每增运 50m	洞外每增运 100m
			Ⅴ～Ⅷ	Ⅸ、Ⅹ	Ⅺ、Ⅻ	ⅩⅢ、ⅩⅣ		
人工		工日	31.900	34.230	36.660	39.590		
材料	零星材料费	%	2.000	2.000	2.000	2.000		
机械	卷扬机 单筒慢速 5t	台班	2.320	2.320	2.320	2.320	0.410	0.860
	V 型斗车 窄轨 容积 1m³	台班	8.950	9.510	10.060	10.740	1.310	2.720
	其他机械费	%	1.000	1.000	1.000	1.000	1.000	1.000
定额编号			20433	20434	20435	20436	20437	20438

（3）坡度 20°～30°

单位：$100m^3$

项目		单位	装运卸 50m				洞内每增运 50m	洞外每增运 100m
			Ⅴ～Ⅷ	Ⅸ、Ⅹ	Ⅺ、Ⅻ	ⅩⅢ、ⅩⅣ		
人工		工日	32.400	34.830	37.260	40.190		
材料	零星材料费	%	2.000	2.000	2.000	2.000		
机械	卷扬机 单筒慢速 5t	台班	2.710	2.710	2.710	2.710	0.510	1.070
	V型斗车 窄轨 容积 $0.6m^3$	台班	12.610	13.370	14.120	15.050	2.180	4.540
	$1m^3$	台班	9.280	9.830	10.380	11.060	1.600	3.340
	其他机械费	%	1.000	1.000	1.000	1.000	1.000	1.000
定额编号			20439	20440	20441	20442	20443	20444

（4）坡度 30°～45°

单位：$100m^3$

项目		单位	装运卸 50m				洞内每增运 50m	洞外每增运 100m
			Ⅴ～Ⅷ	Ⅸ、Ⅹ	Ⅺ、Ⅻ	XIII、XIV		
人工		工日	33.310	35.640	38.070	41.000		
材料	零星材料费	%	2.000	2.000	2.000	2.000		
机械	卷扬机 单筒慢速 5t	台班	3.290	3.290	3.290	3.290	0.650	1.360
	V 型斗车 窄轨 容积 $0.6m^3$	台班	13.370	14.120	14.870	15.800	2.780	5.790
	$1m^3$	台班	9.840	10.390	10.940	11.620	2.040	4.260
	其他机械费	%	1.000	1.000	1.000	1.000	1.000	1.000
定额编号			20445	20446	20447	20448	20449	20450

(5) 坡度 45°～75°

单位：$100m^3$

项目		单位	装运卸 50m				洞内每增运 50m	洞外每增运 100m
			Ⅴ～Ⅷ	Ⅸ、Ⅹ	Ⅺ、Ⅻ	ⅩⅢ、ⅩⅣ		
人工		工日	37.670	40.400	43.030	46.380		
材料	零星材料费	%	2.000	2.000	2.000	2.000		
机械	卷扬机 单筒慢速 5t	台班	3.890	3.890	3.890	3.890	0.820	1.700
	V 型斗车 窄轨 容积 $0.6m^3$	台班	15.290	16.130	16.980	18.030	3.480	7.240
	$1m^3$	台班	11.250	11.860	12.490	13.260	2.560	5.320
	其他机械费	%	1.000	1.000	1.000	1.000	1.000	1.000
定额编号			20451	20452	20453	20454	20455	20456

二-46 竖井石渣运输

适用范围：竖井开挖，单钩提升，井深小于或等于50m。

工作内容：人工装渣、提升、自动翻渣到井口渣仓、空回。

单位：$100m^3$

项目		单位	装运卸50m				洞内每增运20m
			Ⅴ～Ⅷ	Ⅸ、Ⅹ	Ⅺ、Ⅻ	ⅩⅢ、ⅩⅣ	
人工		工日	37.960	41.020	43.730	47.020	
材料	零星材料费	%	1.000	1.000	1.000	1.000	
机械	吊斗（桶）$0.6m^3$	台班	11.090	11.680	12.270	13.010	2.920
	卷扬机 单筒慢速 5t	台班	6.110	6.110	6.110	6.110	0.980
	其他机械费	%	1.000	1.000	1.000	1.000	
定额编号			20457	20458	20459	20460	20461

二-47　人工装石渣胶轮车运输

适用范围：露天作业。

工作内容：撬移、解小、装渣、运卸、空回、平场等。

单位：$100m^3$

项　　目		单位	运距≤50m	运距100m	运距150m	运距200m	每增运10m
人　　工		工日	33.500	37.380	41.100	44.730	0.760
材料	零星材料费	%	2.000	2.000	2.000	2.000	
机械	胶轮车	台班	13.360	19.010	24.420	29.710	0.700
定　额　编　号			20462	20463	20464	20465	20466

注　洞内运输时，人工、机械定额乘以系数1.25；洞内外连运时，洞外运距按增运定额计列。

二-48　人工装石渣机动翻斗车运输

适用范围：露天作业。

工作内容：装渣、运卸、空回、平场等。

单位：$100m^3$

项　　目		单位	运距≤100m	运距200m	运距300m	运距400m	运距500m	每增运100m
人　　工		工日	19.900	19.900	19.900	19.900	19.900	
材料	零星材料费	%	2.000	2.000	2.000	2.000	2.000	
机械	机动翻斗车 1t	台班	9.040	9.630	10.180	10.700	11.200	0.520
定　额　编　号			20467	20468	20469	20470	20471	20472

注　洞内运输时，人工、机械定额乘以系数1.25；洞内外连运时，洞外运距按增运定额计列。

二-49　人工装石渣自卸手扶式拖拉机运输

工作内容：撬移、解小、扒渣、装车、运输、卸除、空回、平场。

单位：100m³

项目		单位	运距≤100m	运距200m	运距300m	运距400m	运距500m	每增运100m
人工		工日	18.950	18.950	18.950	18.950	18.950	
材料	零星材料费	%	1.000	1.000	1.000	1.000	1.000	
机械	手扶式拖拉机 11kW	台班	5.680	6.170	6.610	7.030	7.420	0.440
定额编号			20473	20474	20475	20476	20477	20478

注　洞内运输时，人工、机械定额乘以系数1.25；洞内外连运时，洞外运距按增运定额计列。

二-50　人工装石渣小型自卸汽车运输

适用范围：露天作业。

工作内容：装渣、运输、卸除、空回、平场等。

单位：100m³

项目		单位	运距≤0.5km	运距1km	运距2km	运距3km	运距4km	每增运1km
人工		工日	19.440	19.440	19.440	19.440	19.440	
材料	零星材料费	%	2.000	2.000	2.000	2.000	2.000	
机械	自卸汽车 1.5t	台班	4.370	5.150	6.620	7.990	9.010	1.090
定额编号			20479	20480	20481	20482	20483	20484

注　洞内运输时，人工、机械乘以系数1.25。

二-51 隧洞钢支撑

工作内容：制作、安装、拆除。

单位：100m³

项目		单位	支护形式				
			门式撑	五节撑		七节撑	
			支护高度 0～4m	支护高度 4～6m	支护高度 6～8m		支护高度 >8m
人工		工日	7.020	10.330	12.290	13.550	16.700
材料	型钢	kg	950.000	960.000	960.000	960.000	960.000
	钢材	kg	170.000	220.000	220.000	220.000	220.000
	氧气	m^3	3.000	4.000	4.000	4.500	4.500
	乙炔气	m^3	1.800	2.200	2.200	2.600	2.600
	电焊条	kg	4.000	5.000	6.000	6.000	7.000
	板枋材	m^3	0.310	0.480	0.510	0.510	0.540
	其他材料费	%	1.000	1.000	1.000	1.000	1.000
机械	交流电焊机 25kVA	台班	0.600	0.900	0.900	1.000	1.000
	载重汽车 5t	台班	0.080	0.080	0.080	0.080	0.080
定额编号			20485	20486	20487	20488	20489

注 1. 本节定额型钢、钢材是按一次使用量拟定的，若非一次使用，计价时应按周转摊销量和残值回收确定预算量。

2. 若不拆除，人工定额乘以系数 0.7。

二-52 防震孔、插筋孔-风钻钻孔

适用范围：露天作业，风钻钻孔，孔深 3m 以内。

工作内容：钻孔、清理。

单位：100m³

项目		单位	岩石级别			
			Ⅴ～Ⅷ	Ⅸ、Ⅹ	Ⅺ、Ⅻ	ⅩⅢ、ⅩⅣ
人工		工日	3.530	4.900	6.770	9.870
材料	合金钻头	个	2.010	2.610	3.220	3.980
	其他材料费	%	15.000	15.000	15.000	15.000
机械	手持式风钻	台班	1.460	2.030	2.800	4.080
	其他机械费	%	5.000	5.000	5.000	5.000
定额编号			20490	20491	20492	20493

注 孔深超过 3m 时，人工、机械定额乘以系数 1.15。

二-53 防震孔、插筋孔-80 型潜孔钻钻孔

适用范围：露天作业，潜孔钻钻垂直孔。

工作内容：钻孔、清理。

单位：100m³

项目		单位	岩石级别			
			Ⅴ～Ⅷ	Ⅸ、Ⅹ	Ⅺ、Ⅻ	ⅩⅢ、ⅩⅣ
人工		工日	3.980	4.870	5.870	7.180
材料	钻头 80 型	个	1.100	1.420	1.760	2.170
	冲击器	套	0.110	0.140	0.180	0.220
	其他材料费	%	10.000	10.000	10.000	10.000
机械	潜孔钻 80 型	台班	3.260	3.990	4.800	5.880
	其他机械费	%	2.000	2.000	2.000	2.000
定额编号			20494	20495	20496	20497

注 若为水平孔，人工、机械定额乘以系数 1.2。

二-54 防震孔、插筋孔-100型潜孔钻钻孔

适用范围：露天作业，潜孔钻钻垂直孔。

工作内容：钻孔、清理。

单位：100m³

项目		单位	岩石级别			
			Ⅴ～Ⅷ	Ⅸ、Ⅹ	Ⅺ、Ⅻ	ⅩⅢ、ⅩⅣ
人工		工日	3.630	4.490	5.470	6.760
材料	钻头 100型	个	1.100	1.420	1.760	2.170
	冲击器	套	0.110	0.140	0.180	0.220
	其他材料费	%	10.000	10.000	10.000	10.000
机械	潜孔钻 100型	台班	2.990	3.710	4.530	5.600
	其他机械费	%	2.000	2.000	2.000	2.000
定额编号			20498	20499	20500	20501

注 若为水平孔，人工、机械定额乘以系数1.2。

二-55 防震孔、插筋孔-液压履带钻钻孔

适用范围：露天作业，液压钻钻水平孔及垂直孔。

工作内容：钻孔、清理。

单位：100m³

项目		单位	岩石级别			
			Ⅴ～Ⅷ	Ⅸ、Ⅹ	Ⅺ、Ⅻ	ⅩⅢ、ⅩⅣ
人工		工日	0.430	0.470	0.520	0.580
材料	钻头 ϕ64～ϕ76	个	1.100	1.420	1.760	2.170
	其他材料费	%	10.000	10.000	10.000	10.000
机械	液压履带钻 ϕ64～ϕ102	台班	0.350	0.390	0.420	0.460
	其他机械费	%	4.000	4.000	4.000	4.000
定额编号			20502	20503	20504	20505

第三章 砌筑工程

说　　明

一、本章包括铺筑垫层、砌筑、石料运装、拆除砌体、抛石护底护岸等定额共 39 节。

二、本章定额中的计量单位，除注明外，均按“成品方”计算。

三、本章定额中，砂石料的名称和规格如下：

1. 砂：粒径小于 5mm 的骨料。

2. 碎石：经破碎、加工分级后，粒径大于 5mm、小于 150mm 的骨料。

3. 乱石（片石、毛石）：每块体积一般为 0.01～0.05m^3、厚度大于 15cm、形状不规则的石块。

4. 卵石：最小粒径大于 20cm 的天然河卵石。

5. 块石：厚度大于 20cm，长宽各为厚度的 2～3 倍，上下两面基本平行且大致平整，无尖角、薄边的石块。

6. 毛条石（方块石）：厚度大于 20cm，宽度 30cm 以上，长度为厚度的 1.5～4.0 倍的长条形四楞方正的六面体石料。

7. 粗料石：由毛条石或方块石经过修边打荒加工，外露面方正，各相邻面正交，表面凹凸不超过 10mm 的石料。

8. 细料石：由毛条石或方块石经过修边打荒加工，外露面方正，各相邻面正交，表面凹凸不超过 5mm 的石料。

四、各节材料定额中石料计量单位：砂、碎石为堆方；块石、卵石为码方；毛条石、方块石、料石为清料方。

五、本章定额中的砌体砂浆，已包括砌筑砂浆和勾缝砂浆的定额量。

六、除注明者外，砂石料工作面内的运输费用已包含在各节定额内。

三-1 人工铺筑砂石垫层

工作内容：修坡、压实。

单位：100m³

项目		单位	砂垫层	碎石垫层	乱石灌砂
人工		工日	32.510	36.320	39.910
材料	碎石	m^3		102.000	
	砂	m^3	115.000		33.000
	乱石	m^3			101.000
	水	m^3			26.000
	其他材料费	%	1.000	1.000	1.000
定额编号			30001	30002	30003

注 本节定额按水平铺筑拟定，如坡面铺筑，人工定额乘以系数1.10；如沟槽铺筑，人工定额乘以系数1.15。

三-2 机械铺筑砂石垫层、反滤层

适用范围：平面垫（反滤）层。

工作内容：砂石垫层：铺筑、整平、压实。反滤层：铺筑、整平。

单位：100m³

项目		单位	砂垫层	碎石垫层	石渣垫层	石粉垫层	反滤层
人工		工日	2.660	2.870	3.010	2.660	3.100
材料	砂	m^3	115.000				20.400
	碎石	m^3		102.000			81.600
	石渣	m^3			103.000		
	石粉	m^3				115.000	
	其他材料费	%	1.000	1.000	1.000	1.000	1.000
机械	推土机 74kW	台班	1.040	1.120	1.130	1.040	1.200
定额编号			30004	30005	30006	30007	30008

注 1. 若为坡面铺筑，推土机74kW改为挖掘机0.6m³，人工、机械定额乘以系数1.1。

2. 反滤层中的砂与碎石比例可根据设计要求调整，定额材料总用量不变。

三-3　干砌块石

工作内容：选石、修石、砌筑、填缝、找平。

单位：$100m^3$

项目		单位	护坡		护底	基础	挡土墙	护坡框格	排水沟
			平面	曲面					
人工		工日	73.010	85.010	63.420	56.380	70.650	95.060	71.320
材料	块石	m^3	116.000	116.000	116.000	116.000	116.000	116.000	116.000
	其他材料费	%	1.000	1.000	1.000	1.000	1.000	1.000	1.000
机械	胶轮车	台班	12.010	12.010	12.010	12.010	12.010	12.010	12.010
定额编号			30009	30010	30011	30012	30013	30014	30015

三-4　干砌乱石

工作内容：选石、修石、砌筑、填缝、找平。

单位：$100m^3$

项目		单位	护坡		护底	基础	挡土墙	护坡框格	排水沟
			平面	曲面					
人工		工日	69.520	80.970	60.400	53.680	67.290	90.550	68.510
材料	乱石	m^3	117.200	117.200	117.200	117.200	117.200	117.200	117.200
	其他材料费	%	1.000	1.000	1.000	1.000	1.000	1.000	1.000
机械	胶轮车	台班	12.010	12.010	12.010	12.010	12.010	12.010	12.010
定额编号			30016	30017	30018	30019	30020	30021	30022

三-5　干砌毛条石（方块石）

工作内容：选石、修石、砌筑、填缝、找平。

单位：100m³

项　目		单位	平面护坡	曲面护坡	护底
人　工		工日	92.220	101.430	80.190
材料	毛条石（方块石）	m³	95.000	95.000	95.000
	乱石	m³	6.000	6.000	6.000
	其他材料费	%	1.000	1.000	1.000
机械	胶轮车	台班	12.010	12.010	12.010
定　额　编　号			30023	30024	30025

三-6　灌砌块石护坡、基础

工作内容：找平、选石、修石、洗石、拌运砂浆、砌筑、灌填细石混凝土、勾缝、材料场内运输。

单位：100m³

项　目		单位	平面护坡	曲面护坡	基础
人　工		工日	161.100	181.160	120.400
材料	块石	m³	116.500	116.500	116.500
	细石混凝土	m³	35.700	35.730	35.390
	M10 水泥砂浆	m³	1.300	1.300	
	其他材料费	%	0.500	0.500	0.500
机械	混凝土搅拌机 0.25m³	台班	4.130	4.130	4.130
定　额　编　号			30026	30027	30028

三-7 浆砌块石

工作内容：选石、修石、冲洗、拌浆、砌石、剔缝、勾缝。

单位：$100m^3$

项目		单位	护坡		护底	基础	挡土墙	桥闸墩	防浪墙	护坡框格	排水沟	填腹石	踏步
			平面	曲面									
人工		工日	107.780	123.130	95.480	85.390	104.140	113.650	138.670	140.590	106.440	96.960	127.580
材料	块石	m^3	108.000	108.000	108.000	108.000	108.000	108.000	108.000	108.000	108.000	108.000	108.000
	水泥砂浆	m^3	35.300	35.300	35.300	34.500	34.700	36.900	36.900	35.300	36.000	35.300	35.300
	其他材料费	%	0.500	0.500	0.500	0.500	0.500	0.500	0.500	0.500	0.500	0.500	0.500
机械	砂浆搅拌机 400L	台班	1.020	1.020	1.020	0.980	0.990	1.010	1.010	1.010	0.960	1.020	1.020
	胶轮车	台班	25.460	25.460	25.460	24.950	25.110	25.270	25.270	25.260	24.110	25.270	25.270
定额编号			30029	30030	30031	30032	30033	30034	30035	30036	30037	30038	30039

注 挡土墙、桥墩、闸墩高度超过10m时，人工定额乘以系数1.1，其他材料费调整为2%。

三-8 浆砌乱石

工作内容：选石、修石、冲洗、拌浆、砌石、勾缝。

单位：$100m^3$

项目		单位	护坡		护底	基础	挡土墙	桥闸墩	防浪墙	护坡框格	踏步
			平面	曲面							
人工		工日	113.530	129.710	100.580	89.960	109.700	119.720	146.080	143.210	133.320
材料	乱石	m^3	107.000	107.000	107.000	109.100	109.100	109.100	109.100	107.000	107.000
	水泥砂浆	m^3	36.700	36.700	36.700	35.400	35.800	36.200	36.500	36.700	36.700
	其他材料费	%	0.500	0.500	0.500	0.500	0.500	0.500	0.500	0.500	0.500
机械	砂浆搅拌机 400L	台班	1.040	1.040	1.040	1.000	1.010	1.020	1.020	1.020	1.020
	胶轮车	台班	25.460	25.460	25.460	24.950	25.110	25.270	25.270	25.260	25.260
定额编号			30040	30041	30042	30043	30044	30045	30046	30047	30048

注 挡土墙、桥墩、闸墩高度超过10m时，人工定额乘以系数1.1，其他材料费调整为2%。

三-9 浆砌条料石

工作内容：选石、冲洗、拌浆、砌石、清打、勾缝。

单位：100m³

项目		单位	平面护坡		护底	基础	挡土墙	桥闸墩	帽石	防浪墙	踏步
			平面	曲面							
人工		工日	111.650	128.400	98.600	88.210	107.900	117.850	154.560	144.560	124.800
材料	毛条石	m^3	93.500	93.500	93.500	93.500	93.500				93.500
	料石	m^3						93.500		93.500	
	锯解石	m^3							86.700		
	水泥砂浆	m^3	26.000	26.000	26.000	25.000	25.200	25.500	23.000	23.000	25.000
	其他材料费	%	0.500	0.500	0.500	0.500	0.500	0.500	0.500	0.500	0.500
机械	砂浆搅拌机 400L	台班	0.720	0.720	0.720	0.690	0.700	0.710	0.630	0.630	0.630
	胶轮车	台班	25.790	25.790	25.790	25.390	25.470	25.580	24.610	24.610	24.610
定额编号			30049	30050	30051	30052	30053	30054	30055	30056	30057

注 挡土墙、桥墩、闸墩高度超过 10m 时，人工定额乘以系数 1.1，其他材料费调整为 2%。

三-10 砌石坝

工作内容：凿毛、冲洗、清理、选石、修石、砂浆（混凝土）拌制、砌筑、勾缝、养护。

单位：$100m^3$

项目		单位	浆砌			混凝土砌	
			块石	乱石	条石	块石	乱石
人工		工日	90.670	94.210	97.260	115.800	119.520
材料	毛条石	m^3			87.000		
	乱石	m^3		107.000			74.200
	块石	m^3	108.000			75.200	
	混凝土	m^3				55.000	55.600
	水泥砂浆	m^3	35.400	36.700	25.000		
	其他材料费	%	0.500	0.500	0.500	0.500	0.500
机械	砂浆搅拌机 400L	台班	0.970	1.010	0.690		
	胶轮车	台班	17.130	17.130	17.140	20.980	20.980
	混凝土搅拌机 $0.4m^3$	台班				1.510	1.530
	插入式振动器 1.1kW	台班				6.130	6.130
	其他机械费	%	1.000	1.000	1.000	1.000	1.000
其他	混凝土（砂浆）运输	m^3	35.400	36.700	25.000	55.000	55.600
	石料运输	m^3	108.000	107.000	87.000	75.200	74.200
定额编号			30058	30059	30060	30061	30062

注 1. 砂浆运输执行混凝土运输相应定额。

2. 本节定额按重力坝编制，如系重力拱坝，则人工定额乘以系数 1.15。

三-11 浆砌石沟渠

工作内容：选石、修石、冲洗、拌浆、砌石、勾缝。

(1) 非岩石基地

单位：100m³

项目		单位	块石		毛条石			乱石	
			渠底宽度≤1.5m	渠底宽度>1.5m	渠底宽度≤2m	渠底宽度2～3m	渠底宽度>3m	渠底宽度≤1.5m	渠底宽度>1.5m
人工		工日	109.500	107.250	125.370	124.020	122.540	113.740	111.020
材料	乱石	m³						107.000	107.000
	块石	m³	108.000	108.000					
	毛条石	m³			86.700	86.700	86.700		
	水泥砂浆	m³	35.300	35.300	26.000	26.000	26.000	36.700	36.700
	其他材料费	%	0.500	0.500	0.500	0.500	0.500	0.500	0.500
机械	砂浆搅拌机 400L	台班	0.950	0.950	0.710	0.710	0.710	0.970	0.970
	胶轮车	台班	23.820	23.820	24.130	24.130	24.130	23.820	23.820
定额编号			30063	30064	30065	30066	30067	30068	30069

(2) 岩石基地

单位：100m³

项目		单位	块石		乱石	
			渠底宽度≤1.5m	渠底宽度>1.5m	渠底宽度≤1.5m	渠底宽度>1.5m
人工		工日	121.930	114.770	127.710	120.420
材料	块石	m³	108.000	108.000		
	乱石	m³			107.000	107.000
	水泥砂浆	m³	47.800	47.800	48.400	48.400
	其他材料费	%	0.500	0.500	0.500	0.500
机械	砂浆搅拌机 400L	台班	1.380	1.380	1.410	1.410
	胶轮车	台班	27.690	27.690	27.690	27.690
定额编号			30070	30071	30072	30073

三-12 浆砌石拱圈

工作内容：拱架模板制作、安装、拆除、冲洗、拌浆、砌筑、勾缝。

单位：100m³

项目		单位	料石拱	条石拱	块石拱
人工		工日	175.270	176.090	164.700
材料	料石	m³	86.700		
	块石	m³			108.000
	条石	m³		87.000	
	板枋材	m³	2.750	2.650	2.800
	原木	m³	1.290	1.250	1.300
	铁钉	kg	17.000	16.400	17.000
	铁件	kg	78.000	75.300	78.000
	水泥砂浆	m³	25.900	25.000	35.400
	其他材料费	%	0.500	0.500	0.500
机械	砂浆搅拌机 400L	台班	0.720	0.690	0.970
	胶轮车	台班	24.570	23.710	24.330
定额编号			30074	30075	30076

三-13 干砌混凝土预制块

适用范围：干砌混凝土预制块平面护坡。

工作内容：砌筑、找平。

单位：$100m^3$

项目		单位	护坡厚度≤8cm	护坡厚度8～12cm	护坡厚度12～16cm	护坡厚度>16cm	护坡框格
人工		工日	66.020	47.860	39.700	35.430	72.650
材料	混凝土预制块	m^3	99.000	99.000	99.000	99.000	99.000
	其他材料费	%	0.500	0.500	0.500	0.500	0.500
定额编号			30077	30078	30079	30080	30081

注 1. 平面护底按平面护坡，人工定额乘以系数 0.85，其余不变。

2. 曲面护坡按平面护坡，人工定额乘以系数 1.10，其余不变。

三-14 浆砌混凝土预制块（板）

工作内容：冲洗、拌浆、砌筑、勾缝。

单位：$100m^3$

项目		单位	护坡护底				护栏	墙、墩、台
			厚度≤8cm	厚度8～12cm	厚度12～16cm	厚度>16cm		
人工		工日	121.710	88.340	73.680	65.440	94.890	70.430
材料	混凝土块（板）	m^3	92.000	92.000	92.000	92.000	92.000	92.000
	水泥砂浆	m^3	21.700	18.400	17.000	16.200	15.300	13.500
	其他材料费	%	0.500	0.500	0.500	0.500	0.500	0.500
机械	砂浆搅拌机 400L	台班	0.560	0.480	0.440	0.420	0.480	0.430
	胶轮车	台班	18.480	18.840	18.600	18.460	19.080	18.410
定额编号			30082	30083	30084	30085	30086	30087

注 1. 曲面护坡按平面护坡，人工定额乘以系数 1.10，其余不变。

2. 墙、墩、台高度超过 10m 时，人工定额乘以系数 1.10，其他材料费调整为 2%。

三-15 砖 砌 体

工作内容：运料、淋砖、拌浆、砌砖。

单位：$100m^3$

项目		单位	内墙	外墙	柱		基础	地沟	零星砌体
					周长 1.8m 以内	周长 1.8m 以外			
人工		工日	146.810	128.260	176.240	142.170	94.350	96.400	178.190
材料	标准砖 240mm×115mm×53mm	千块	54.200	53.580	54.600	53.800	52.400	54.000	55.100
	水泥砂浆	m^3	21.700	22.900	21.500	22.800	23.600	22.800	21.100
	水	m^3	11.000	11.000	11.000	11.000	11.000	11.000	11.000
	其他材料费	%	0.500	0.500	0.500	0.500	0.500	0.500	0.500
机械	砂浆搅拌机 400L	台班	1.980	2.130	2.000	2.120	2.130	1.980	1.890
	其他机械费	%	10.000	10.000	10.000	10.000	10.000	10.000	10.000
定额编号			30088	30089	30090	30091	30092	30093	30094

三-16 砂浆垫层

适用范围：砂浆垫层。

工作内容：拌制砂浆、修坡、铺筑、整平、压实。

单位：100m³

项目		单位	水平	坡面
人工		工日	100.380	111.580
材料	水泥砂浆	m³	105.000	105.000
	其他材料费	%	1.000	1.000
机械	砂浆搅拌机 400L	台班	3.000	3.100
	胶轮车	台班	26.200	27.500
定额编号			30095	30096

三-17 砌体砂浆勾缝

适用范围：砌石表面勾平缝。

工作内容：剔缝、冲洗、拌制砂浆、运输、搭拆移置脚手架、勾缝、养护。

单位：100m² 砌体表面积

项目		单位	平面	立面
人工		工日	7.560	11.450
材料	水泥砂浆	m³	0.450	0.520
	其他材料费	%	10.000	10.000
定额编号			30097	30098

注 斜面角度大于45°时，按立面计算。

三-18　砌体砂浆抹面

工作内容：冲洗、抹灰、压光。

单位：$100m^2$

项　　目		单位	平均厚2cm			每增（减）厚1cm
			平面	立面	拱面	
人　　工		工日	6.870	9.640	17.420	3.070
材料	水泥砂浆	m^3	2.100	2.300	2.500	1.000
	其他材料费	%	5.000	5.000	5.000	
机械	砂浆搅拌机 400L	台班	0.060	0.060	0.070	0.030
	胶轮车	台班	0.780	0.850	0.940	0.390
定　额　编　号			30099	30100	30101	30102

注　斜面角度大于45°时，按立面计算。

三-19　堆石棱体

工作内容：选石、修石、砌筑、填缝、理坡。

单位：$100m^3$

项　　目		单位	数量
人　　工		工日	56.140
材料	乱石	m^3	111.000
	其他材料费	%	1.000
机械	胶轮车	台班	7.200
定　额　编　号			30103

三-20 排水管埋设

适用范围：砌体或混凝土墙、护坡内埋设。

工作内容：场内运输、UPVC 花管制作、土工布下料、包扎，UPVC 管埋设。

单位：100m

项目		单位	管径 DE40mm	管径 DE50mm	管径 DE75mm	管径 DE110mm
人工		工日	2.100	2.770	4.310	6.600
材料	UPVC 管 DE40	m	103.000			
	UPVC 管 DE50	m		103.000		
	UPVC 管 DE75	m			103.000	
	UPVC 管 DE110	m				103.000
	土工布	m^2	9.270	12.620	16.480	25.750
	其他材料费	%	2.000	2.000	2.000	2.000
定额编号			30104	30105	30106	30107

注 1. 土工布规格及用量可按设计要求调整。
2. 如采用其他材料的排水管（PP、PE、PVC 等），定额人工及管材用量不变。
3. 本定额未包括与花管段相接的反滤包（碎石、砂）材料和铺设费用。

三-21 人工捡集块石、乱石

工作内容：撬石、解小、码方。

单位：100m³ 成品码方

项目		单位	数量
人工		工日	32.000
材料	零星材料费	%	1.000
定额编号			30108

三-22 人工装胶轮车运石料

工作内容：装、运、卸、堆存、空回。

单位：100m³ 成品码方（清料方）

项目		单位	运距100m		每增运50m	
			块石、乱石	条料石	块石、乱石	条料石
人工		工日	19.130	31.980	0.790	1.310
材料	零星材料费	%	1.000	1.000		
机械	胶轮车	台班	10.330	17.220	0.690	1.160
定额编号			30109	30110	30111	30112

三-23 人工装卸拖拉机运石料

工作内容：装、运、卸、堆存、空回。

单位：100m³ 成品码方（清料方）

项目		单位	运距0.5km		运距1km		每增运0.5km	
			块石	条料石	块石	条料石	块石	条料石
人工		工日	13.860	20.800	13.860	20.810		
材料	零星材料费	%	0.500	0.500	0.500	0.500		
机械	手扶式拖拉机11kW	台班	7.800	11.700	9.750	14.630	1.930	2.890
定额编号			30113	30114	30115	30116	30117	30118

三-24 人工装块石、乱石自卸汽车运输

工作内容：装、运、卸、堆存、空回。

单位：100m³ 码方

项目		单位	运距≤0.5km	运距1km	运距2km	运距3km	运距4km	每增运1km
人工		工日	13.250	13.250	13.250	13.250	13.250	
机械	自卸汽车 3.5t	台班	2.850	3.350	3.810	4.230	4.620	0.370
	5t	台班	2.490	2.930	3.310	3.700	4.060	0.320
	8t	台班	1.990	2.340	2.570	2.900	3.160	0.200
	其他机械费	%	1.000	1.000	1.000	1.000	1.000	
定额编号			30119	30120	30121	30122	30123	30124

三-25 装载机装块石、乱石自卸汽车运输

工作内容：挖装、运输、卸除、空回。

(1) 1m³ 装载机

单位：100m³ 成品码方

项目		单位	运距≤0.5km	运距1km	运距2km	运距3km	运距4km	每增运1km
人工		工日	1.220	1.220	1.220	1.220	1.220	
机械	装载机 1m³	台班	0.310	0.310	0.310	0.310	0.310	
	推土机 88kW	台班	0.160	0.160	0.160	0.160	0.160	
	自卸汽车 5t	台班	1.320	1.550	1.970	2.370	2.720	0.320
	8t	台班	0.910	1.070	1.340	1.580	1.810	0.200
	其他机械费	%	1.000	1.000	1.000	1.000	1.000	
定额编号			30125	30126	30127	30128	30129	30130

(2) 1.5m³ 装载机

单位：100m³ 成品码方

项目		单位	运距≤0.5km	运距1km	运距2km	运距3km	运距4km	每增运1km
人工		工日	0.860	0.860	0.860	0.860	0.860	
机械	装载机 1.5m³	台班	0.220	0.220	0.220	0.220	0.220	
	推土机 88kW	台班	0.110	0.110	0.110	0.110	0.110	
	自卸汽车 8t	台班	0.830	0.980	1.240	1.490	1.710	0.200
	10t	台班	0.750	0.880	1.110	1.330	1.520	0.170
	12t	台班	0.660	0.780	0.980	1.170	1.340	0.140
	其他机械费	%	1.000	1.000	1.000	1.000	1.000	
定额编号			30131	30132	30133	30134	30135	30136

(3) 2m³ 装载机

单位：100m³ 成品码方

项目		单位	运距≤0.5km	运距1km	运距2km	运距3km	运距4km	每增运1km
人工		工日	0.680	0.680	0.680	0.680	0.680	
机械	装载机 2m³	台班	0.170	0.170	0.170	0.170	0.170	
	推土机 88kW	台班	0.090	0.090	0.090	0.090	0.090	
	自卸汽车 8t	台班	0.800	0.940	1.190	1.440	1.660	0.200
	10t	台班	0.720	0.860	1.080	1.300	1.500	0.170
	12t	台班	0.630	0.750	0.950	1.140	1.320	0.140
	15t	台班	0.540	0.630	0.770	0.900	1.020	0.110
	其他机械费	%	1.000	1.000	1.000	1.000	1.000	
定额编号			30137	30138	30139	30140	30141	30142

三-26　挖掘机装块石、乱石自卸汽车运输

工作内容：挖装、运输、卸除、空回。

(1) $1m^3$ 挖掘机

单位：$100m^3$ 成品堆方

项目		单位	运距≤0.5km	运距1km	运距2km	运距3km	运距4km	每增运1km
人工		工日	1.150	1.150	1.150	1.150	1.150	
机械	挖掘机 $1m^3$	台班	0.240	0.240	0.240	0.240	0.240	
	推土机 88kW	台班	0.120	0.120	0.120	0.120	0.120	
	自卸汽车 5t	台班	1.240	1.460	1.880	2.260	2.630	0.320
	8t	台班	0.840	0.990	1.260	1.490	1.770	0.200
	其他机械费	%	1.000	1.000	1.000	1.000	1.000	
定额编号			30143	30144	30145	30146	30147	30148

(2) $2m^3$ 挖掘机

单位：$100m^3$ 成品堆方

项目		单位	运距≤0.5km	运距1km	运距2km	运距3km	运距4km	每增运1km
人工		工日	0.620	0.620	0.620	0.620	0.620	
机械	挖掘机 $2m^3$	台班	0.130	0.130	0.130	0.130	0.130	
	推土机 88kW	台班	0.060	0.060	0.060	0.060	0.060	
	自卸汽车 8t	台班	0.750	0.880	1.140	1.380	1.600	0.200
	10t	台班	0.700	0.820	1.050	1.260	1.450	0.170
	12t	台班	0.610	0.710	0.920	1.100	1.280	0.140
	15t	台班	0.500	0.580	0.720	0.860	1.050	0.110
	其他机械费	%	1.000	1.000	1.000	1.000	1.000	
定额编号			30149	30150	30151	30152	30153	30154

三-27 井架提升块石、条料石

工作内容：人工装卸、井架提升。

单位：$100m^3$ 成品码方（清料方）

项　　目		单位	块石		条料石	
			提升30m	每增（减）10m	提升30m	每增（减）10m
人　　工		工日	19.380	1.700	33.660	2.550
机械	卷扬机 单筒慢速 5t	台班	4.900	0.880	8.490	1.270
	胶轮车	台班	10.450	0.880	18.150	1.270
	其他机械费	%	3.000		3.000	
定　额　编　号			30155	30156	30157	30158

三-28 机械吊装块石、条料石

工作内容：捆、吊、装车。

(1) 塔式起重机

单位：$100m^3$

项　　目		单位	块石（码方）			条料石（清料方）		
			吊运高度≤10m	吊运高度10～30m	吊运高度>30m	吊运高度≤10m	吊运高度10～30m	吊运高度>30m
人　　工		工日	6.800	7.230	7.650	10.200	10.840	11.480
机械	塔式起重机 10t	台班	0.700	1.090	1.440	0.840	1.310	1.730
	其他机械费	%	0.500	0.500	0.500	0.500	0.500	0.500
定　额　编　号			30159	30160	30161	30162	30163	30164

(2) 履带起重机

单位：100m³

项目		单位	块石（码方）			条料石（清料方）		
			吊运高度≤10m	吊运高度10～30m	吊运高度>30m	吊运高度≤10m	吊运高度10～30m	吊运高度>30m
人工		工日	6.800	7.230	7.650	10.200	10.840	11.480
机械	履带起重机 10t	台班	0.960	1.360	1.710	1.160	1.630	2.100
	其他机械费	%	0.500	0.500	0.500	0.500	0.500	0.500
定额编号			30165	30166	30167	30168	30169	30170

三-29 人工拆除砌体

适用范围：块石、条石、料石。

工作内容：拆除、清理、堆放。

单位：100m³ 砌体方

项目		单位	水泥浆砌体	干砌体
人工		工日	84.830	27.630
材料	零星材料费	%	0.500	0.500
定额编号			30171	30172

注 渣料需外运时，参考石渣运输相应子目。

三-30　挖掘机拆除砌体

适用范围：块石、条石、料石。

工作内容：拆除、清理、堆放。

单位：100m^3 砌体方

项目		单位	水泥浆砌石	干砌石
人工		工日	4.310	2.590
材料	零星材料费	%	2.000	2.000
机械	挖掘机 1m^3	台班	1.620	1.010
定额编号			30173	30174

注　渣料需外运时，参考石渣运输相应子目。

三-31　挖掘机干砌石

适用范围：坝坡、渠道干砌石。

工作内容：砌筑、填缝、找平。

单位：100m^3 砌体方

项目		单位	斜坡干砌块石
人工		工日	2.000
材料	块石	m^3	116.000
	其他材料费	%	1.000
机械	挖掘机 2m^3	台班	0.730
定额编号			30175

三-32　人工抛石护底护岸

适用范围：护底、护岸。

工作内容：人工装、运、卸、抛投、整平。

单位：100m^3 抛投方

项目		单位	人工运	胶轮车运
人工		工日	36.190	23.450
材料	乱石	m^3	103.000	103.000
	其他材料费	%	1.000	1.000
机械	胶轮车	台班		10.140
定额编号			30176	30177

注　适用于堆放点至抛投点平均运距 20m 以内；如运距超过 20m，乱石运费另计。

三-33 挖掘机抛石护底护岸

适用范围：10m 内取料。

工作内容：挖掘机抛投、人工配合、整平。

单位：100m³ 抛投方

项目		单位	0.6m³ 挖掘机	1.0m³ 挖掘机
人工		工日	2.680	1.880
材料	毛石	m³	103.000	103.000
	其他材料费	%	1.000	1.000
机械	挖掘机 0.6m³	台班	0.510	
	1m³	台班		0.310
	推土机 88kW	台班	0.230	0.150
定额编号			30178	30179

三-34 手扶式拖拉机抛石护底护岸

适用范围：护底、护岸。

工作内容：人工装、运、卸、抛投、整平。

单位：100m³ 抛投方

项目		单位	运距 0.5km	运距 1.0km	运距 1.5km	每增运 100m
人工		工日	17.570	17.570	17.570	
材料	乱石	m³	103.000	103.000	103.000	
	其他材料费	%	0.500	0.500	0.500	
机械	手扶式拖拉机 11kW	台班	5.040	6.650	8.020	0.230
	其他机械费	%	0.500	0.500	0.500	
定额编号			30180	30181	30182	30183

三-35 挖掘机装自卸车运抛石护底护岸

适用范围：护底、护岸、丁坝等工程。

工作内容：人工装、运、抛投、整平、空回。

单位：$100m^3$ 抛投方

项目		单位	$0.6m^3$ 挖掘机		
			运距 ≤0.5km	运距 1km	每增运 1km
人工		工日	4.080	4.080	
材料	毛石	m^3	103.000	103.000	
	其他材料费	%	0.500	0.500	
机械	挖掘机 $0.6m^3$	台班	0.610	0.610	
	推土机 88kW	台班	0.240	0.240	
	自卸汽车 3.5t	台班	2.810	3.310	0.720
	5t	台班	2.180	2.570	0.570
	其他机械费	%	0.500	0.500	
定额编号			30184	30185	30186

项目		单位	$1.0m^3$ 挖掘机		
			运距 ≤0.5km	运距 1km	每增运 1km
人工		工日	4.080	4.080	
材料	毛石	m^3	103.000	103.000	
	其他材料费	%	0.500	0.500	
机械	挖掘机 $1m^3$	台班	0.420	0.420	
	推土机 88kW	台班	0.190	0.190	
	自卸汽车 5t	台班	2.180	2.570	0.570
	8t	台班	1.470	1.740	0.360
	其他机械费	%	0.500	0.500	
定额编号			30187	30188	30189

三-36 100m³ 自行式石驳抛石护底护岸

工作内容：吊装、运输、定位、抛石、空回。

单位：100m³ 抛投方

项目		单位	运距 0.5km	运距 1km	运距 2km	增运 0.5km
人工		工日	0.800	0.800	0.800	
材料	块石	m^3	108.000	108.000	108.000	
	其他材料费	%	2.000	2.000	2.000	
机械	挖掘机 1m³	台班	0.150	0.150	0.150	
	推土机 132kW	台班	0.070	0.070	0.070	
	石驳 100m³	艘班	0.230	0.290	0.360	0.050
	其他机械费	%	1.000	1.000	1.000	
定额编号			30190	30191	30192	30193

三-37 120m³ 底开式石驳抛石护底护岸

适用范围：护底、护岸。

工作内容：吊装、运输、定位、抛石、空回。

单位：100m³ 抛投方

项目		单位	运距 0.5km	运距 1.0km	运距 2.0km	每增运 0.5km
人工		工日	0.800	0.800	0.800	
材料	块石	m^3	108.000	108.000	108.000	
	其他材料费	%	2.000	2.000	2.000	
机械	挖掘机 $1m^3$	台班	0.150	0.150	0.150	
	推土机 132kW	台班	0.070	0.070	0.070	
	拖轮 176kW	艘班	0.210	0.240	0.290	0.030
	石驳 $120m^3$	艘班	0.210	0.240	0.290	0.030
	其他机械费	%	1.000	1.000	1.000	
定额编号			30194	30195	30196	30197

三-38　水下基床抛填垫层、反滤层（水上运输）

适用范围：海堤。

工作内容：装船、拖运、抛填。

单位：$100m^3$

项目		单位	粗砂	碎石	每增运 1km
			运距 1km 内		
人工		工日	17.870	16.250	
材料	碎石	m^3		116.000	
	粗砂	m^3	128.000		
	板枋木	m^3	0.020	0.020	
机械	胶带输送机 移动式 带宽×带长 500mm×20m	台班	0.810	0.810	
	装载机 $2m^3$	台班		0.810	
	方驳 400t	艘班	1.780	1.870	0.020
	拖轮 294kW	艘班	0.170	0.160	0.020
	其他机械费	%	1.000	1.000	
定额编号			30198	30199	30200

三-39 海堤抛填块石（水上运输）

适用范围：海堤。

工作内容：装船、拖运、抛填、理坡。

单位：$100m^3$

项目		单位	水上运输					
			运距 1km 内			每增运 1km		安放大块石运距 1km 内
			人力		机械	人力	机械	块石重量 500kg 以内
			块石重量 100kg 以内	块石重量 150kg 以内	块石重量 500kg 以内	块石重量 150kg 以内	块石重量 500kg 以内	
人工		工日	6.000	7.560	8.840			9.240
材料	块石	m^3	114.000	114.000	114.000			120.000
	板枋木	m^3	0.110	0.140	0.140			0.140
	其他材料费	%	0.100	0.100	0.100			0.100
机械	履带起重机 15t	台班			1.360		0.040	5.920
	装载机 $3m^3$	台班	0.300	0.300				
	方驳 400t	艘班	0.800	0.970	1.380	0.020	0.040	5.610
	拖轮 294kW	艘班	0.120	0.120	0.280	0.020	0.040	0.350
	其他机械费	%	1.000	1.000	1.000			1.000
定额编号			30201	30202	30203	30204	30205	30206

第四章　混凝土工程

说　明

一、本章包括现浇混凝土、碾压混凝土、预制混凝土、混凝土细部结构、拆除混凝土等定额共 80 节。

二、本章定额的计量单位，除注明者外，均为建筑物或构筑物的成品实体方。

三、现浇混凝土、碾压混凝土、预制混凝土部分包括预制混凝土构件吊（安）装，钢筋制作及安装，混凝土拌制、运输等定额，适用于拦河坝、水闸、船闸、厂房、隧洞、竖井、明渠、渡槽等各种水工建筑物工程。

四、本章定额的工作内容

1. 现浇混凝土，包括：冲（凿）毛、冲洗、清仓、铺水泥砂浆、平仓浇筑、振捣、养护、工作面运输及辅助工作。

2. 碾压混凝土，包括：冲毛、冲洗、清仓、铺水泥砂浆、平仓、碾压、切缝、养护、工作面运输及辅助工作。

3. 预制混凝土，包括：预制场冲洗、清理、配料、拌制、浇筑、振捣、养护，模板制作、安装、拆除、修整，预制场内混凝土运输，材料场内运输和辅助工作，预制件场内吊移、堆放。

五、各种坝型的现浇混凝土定额不包括溢流面、闸墩、胸墙、工作桥、公路桥等。

六、现浇混凝土定额不含模板制作、安装、拆除、修整。

七、预制混凝土定额中的模板材料均按预算消耗量计算，包括制作（钢模为组装）、安装、拆除、维修的消耗、损耗，并考虑了周转和回收。

八、材料定额中的“混凝土”一项，系指完成单位产品所需的混凝土半成品量，其中包括冲（凿）毛、干缩、施工损耗、运输损耗和接缝砂浆等的消耗量在内。混凝土半成品的单价，只计算配制混凝土所需水泥、砂石骨料、水、掺和料及其外加剂等的用量及价格。各项材料的用量，应按试验资料计算；没有试验资料时，可采用本定额附录中的混凝土材料配合比表列示量。

九、混凝土拌制

1. 现浇混凝土及部分预制混凝土定额各节，未列拌制混凝土所需的人工和机械。混凝土拌制按有关定额计算。

2. 搅拌机（站）清洗用水已计入拌制定额的零星材料费中。

3. 混凝土拌制定额均以半成品方为单位计算，不含施工损耗和运输损耗所消耗的人工、材料、机械的数量和费用。

十、混凝土运输

1. “混凝土运输”是指混凝土自搅拌机或搅拌站出料口至仓面的全部水平和垂直运输。

2. 混凝土运输单价应根据设计选定的运输方式、机械类型，按相应运输定额计算综合单价。

3. 混凝土构件的预制、运输及吊（安）装定额，若预制混凝土构件重量超过定额中起重机械起重量时，可用相应起重机械替换，台班数不作调整。

4. 混凝土运输定额均以半成品方为单位计算，不含施工损耗和运输损耗所消耗的人工、材料、机械的数量和费用。

十一、隧洞、竖井、地下厂房、明渠等混凝土衬砌定额中所列示的开挖断面及衬砌厚度按设计尺寸选取。

十二、钢筋制作安装定额不分部位、规格型号综合计算。

十三、混凝土拌制及浇筑定额中不包括加冰、骨料预冷、通水等温控所需的费用。

十四、混凝土浇筑的仓面清洗及养护用水，地下工程混凝土浇筑施工照明用电，已分别计入浇筑定额的用水量及其他材料费中。

十五、预制混凝土构件吊（安）装定额仅系吊（安）装过程中所需的人工、材料、机械使用量。构件制作和运输的费用，包括在预制混凝土构件的预算单价中，另按预制构件制作及运输定额计算。

十六、隧洞衬砌定额适用于水平夹角小于或等于6°的平洞和单独作业，如开挖、衬砌平行作业时，人工和机械定额乘以1.1系数；水平夹角大于6°的斜洞衬砌，按平洞的人工、机械定额乘以1.23系数执行。

十七、如设计采用耐磨混凝土、钢纤维混凝土、高强混凝土、膨胀混凝土等特种混凝土，应采用试验资料中的材料配合比计算。

四-1 坝（堰）

适用范围：重力坝、拱形重力坝、宽缝重力坝、重力拱坝、双曲拱坝、支墩坝等各种坝型。

工作内容：半机械化：人工平仓，机械振捣。机械化：机械平仓、振捣。

单位：100m³

项目		单位	半机械化	机械化
人工		工日	23.390	18.220
材料	混凝土	m³	101.000	101.000
	水泥砂浆	m³	2.000	2.000
	水	m³	80.000	80.000
	其他材料费	%	1.500	1.500
机械	插入式振动器 1.5kW	台班	1.520	0.160
	变频机组 8.5kVA	台班	0.760	0.070
	风水枪	台班	2.040	2.040
	混凝土平仓振捣机 40kW	台班		0.180
	其他机械费	%	10.000	10.000
其他	混凝土（砂浆）拌制	m³	103.000	103.000
	混凝土（砂浆）运输	m³	103.000	103.000
定额编号			40001	40002

四－2　碾压混凝土

适用范围：各类坝型。

工作内容：冲毛、冲洗、清仓、铺水泥砂浆、平仓、碾压、切缝、养护等。

（1）RCC 工法

单位：$100m^3$

项目		单位	仓面面积 ≤1000m^2	仓面面积 >1000m^2
人工		工日	5.100	4.600
材料	混凝土	m^3	102.000	102.000
	水泥砂浆	m^3	1.000	1.000
	水	m^3	41.000	38.000
	其他材料费	%	1.000	1.000
机械	推土机 118kW	台班	0.150	0.130
	装载机 $2m^3$	台班	0.110	0.100
	混凝土振动碾 BW－202AD	台班	0.150	0.130
	切缝机 EX－100	台班	0.040	0.040
	混凝土平仓振捣机 40kW	台班	0.010	0.010
	插入式振动器 1.5kW	台班	0.010	0.010
	变频机组 8.5kVA	台班	0.010	0.010
	压力水冲洗机 PS－6.3	台班	0.140	0.120
	高压冲毛机 GCHJ50	台班	0.030	0.030
	其他机械费	%	1.000	1.000
其他	混凝土（砂浆）拌制	m^3	103.000	103.000
	混凝土（砂浆）运输	m^3	103.000	103.000
定额编号			40003	40004

注　1. 本节定额是碾压混凝土与变态混凝土的综合定额。

2. 变态混凝土是指：在碾压混凝土摊铺层表面泼洒水泥浆，使碾压混凝土变成具有塌落度的常态混凝土，用插入式振动器振捣使之密实。

3. 变态混凝土中所掺水泥浆与全部碾压混凝土的体积比由设计确定，但人工、机械定额不得调整。

(2) CD 工 法

适用范围：各类坝型。

工作内容：冲毛、冲洗、清仓、铺水泥砂浆、平仓、碾压、切缝、养护等。

单位：100m³

项目		单位	仓面面积 ≤1000m²	仓面面积 >1000m²
人工		工日	11.120	10.360
材料	混凝土	m³	100.000	100.000
	水泥砂浆	m³	3.000	3.000
	水	m³	65.000	63.000
	其他材料费	%	1.000	1.000
机械	推土机 118kW	台班	0.200	0.180
	装载机 2m³	台班	0.120	0.110
	混凝土振动碾 BW-200	台班	0.210	0.180
	混凝土振动碾 BW-75	台班	0.080	0.070
	切缝机 EX-100	台班	0.040	0.040
	混凝土平仓振捣机 40kW	台班	0.120	0.110
	压力水冲洗机 PS-6.3	台班	0.050	0.050
	高压冲毛机 GCHJ50	台班	0.130	0.120
	其他机械费	%	1.000	1.000
其他	混凝土（砂浆）拌制	m³	103.000	103.000
	混凝土（砂浆）运输	m³	103.000	103.000
定额编号			40005	40006

注 1. 本节定额是碾压混凝土与上、下游起模板作用的常态混凝土的综合定额。

2. 混凝土材料中碾压混凝土与上、下游起模板作用的常态混凝土的比例由设计确定，但人工、机械定额不得调整。

(3) CD工法隔缝铁板制作及安装

适用范围：上、下游起模板作用的常态混凝土中的隔缝板。

工作内容：划线、下料、焊接、运输、坝面安装、校正等。

单位：t

项目		单位	数量
人工		工日	12.000
材料	铁板 1.5mm	t	1.020
	角铁 50mm×50mm	t	1.320
	钢筋	t	2.240
	电焊条	kg	16.370
	其他材料费	%	1.000
机械	交流电焊机 25kVA	台班	2.990
	剪板机 6.3×2000	台班	0.580
	载重汽车 5t	台班	0.330
	其他机械费	%	1.000
定额编号			40007

四-3　厂　　房

适用范围：河床式、坝后式和引水式厂房。

单位：100m³

项　　目		单位	厂房机组段			河床式厂房进出口段	
			下部		上部	下部	上部
			卧式	立式			
人　　工		工日	32.840	40.800	54.970	31.730	37.380
材料	混凝土	m^3	103.000	103.000	103.000	103.000	103.000
	水	m^3	70.000	70.000	120.000	50.000	80.000
	其他材料费	%	2.000	2.000	2.000	2.000	2.000
机械	插入式振动器 1.1kW	台班	4.510	4.510	9.140	4.510	5.650
	风水枪	台班	1.630	1.630	1.630	1.630	1.630
	其他机械费	%	10.000	10.000	10.000	10.000	10.000
其他	混凝土拌制	m^3	103.000	103.000	103.000	103.000	103.000
	混凝土运输	m^3	103.000	103.000	103.000	103.000	103.000
定　额　编　号			40008	40009	40010	40011	40012

注　上、下部的划分：(1) 厂房机组段上部：①发电机层楼板顶面以上的混凝土构筑物；②安装间和副厂房的梁、板、柱。厂房机组段下部：发电机层楼板顶面以下的混凝土构筑物。(2) 河床式厂房进出口段上部：①进水口底板顶面以上的混凝土构筑物；②尾水管顶板底面以上的混凝土构筑物。河床式厂房进出口段下部：①进水口底板顶面以下的混凝土构筑物；②尾水管顶板底面以下的混凝土构筑物。

四-4 泵　站

适用范围：抽水站、扬水站或泵站。

(1) 中型泵站

单位：100m³

项目		单位	中型泵站		
			下部	中部	上部
人工		工日	39.530	50.090	60.440
材料	混凝土	m³	103.000	103.000	103.000
	水	m³	70.000	70.000	120.000
	其他材料费	%	3.000	3.000	3.000
机械	插入式振动器 1.1kW	台班	3.840	6.490	9.140
	风水枪	台班	1.340	0.670	0.330
	其他机械费	%	20.000	20.000	20.000
其他	混凝土拌制	m³	103.000	103.000	103.000
	混凝土运输	m³	103.000	103.000	103.000
定额编号			40013	40014	40015

注　下部、中部、上部的划分：(1) 下部：底板自底面与天然或人工基础接触面起至进出水流道（管）底部接触面；有廊道的，至主廊道底板面层止的浇筑层间部分；厂房、副厂房、过道间的地坪和设备基础。(2) 中部：底部与上部界线之间的各分部工程。(3) 上部：岸、翼墙顶面线以上，公路、工作桥大梁搁置面以上需要另设脚手层施工的部分；厂房、副厂房、过道间的地坪；面层以上的建筑物安装工程项目，以及出水管管顶面层以上的施工部分。

(2) 小型泵站

单位：100m³

项目		单位	数量
人工		工日	48.090
材料	混凝土	m³	103.000
	水	m³	55.000
	其他材料费	%	4.000
机械	插入式振动器 1.1kW	台班	5.280
	风水枪	台班	0.330
	其他机械费	%	20.000
其他	混凝土拌制	m³	103.000
	混凝土运输	m³	103.000
定额编号			40016

注　本节定额为小型泵站的综合定额。

四-5 平洞衬砌

工作内容：仓面清洗，装拆混凝土导管（混凝土泵入仓），平仓振捣，钢筋、模板维护，混凝土养护及人工凿毛。

（1）人工入仓浇筑

单位：$100m^3$

项目		单位	开挖断面≤$5m^2$		开挖断面 5～$10m^2$		
			衬砌厚度≤20cm	衬砌厚度30cm	衬砌厚度≤30cm	衬砌厚度40cm	衬砌厚度50cm
人工		工日	82.900	78.700	76.570	70.740	64.610
材料	混凝土	m^3	103.000	103.000	103.000	103.000	103.000
	水	m^3	130.000	85.000	85.000	65.000	55.000
	其他材料费	%	0.500	0.500	0.500	0.500	0.500
机械	插入式振动器 1.1kW	台班	8.340	7.470	7.470	6.690	5.840
	风水枪	台班	8.480	5.080	5.080	4.930	3.370
	其他机械费	%	3.000	3.000	3.000	3.000	3.000
其他	混凝土拌制	m^3	103.000	103.000	103.000	103.000	103.000
	混凝土运输	m^3	103.000	103.000	103.000	103.000	103.000
定额编号			40017	40018	40019	40020	40021

（2）混凝土泵入仓浇筑

单位：$100m^3$

项目		单位	开挖断面≤$10m^2$		开挖断面 10～$30m^2$			开挖断面 30～$60m^2$			
			衬砌厚度≤30cm	衬砌厚度50cm	衬砌厚度≤30cm	衬砌厚度50cm	衬砌厚度70cm	衬砌厚度≤30cm	衬砌厚度50cm	衬砌厚度70cm	衬砌厚度90cm
人工		工日	59.000	54.260	55.370	49.410	44.500	51.290	47.310	40.860	37.180
材料	混凝土	m^3	103.000	103.000	103.000	103.000	103.000	103.000	103.000	103.000	103.000
	水	m^3	85.000	55.000	75.000	55.000	40.000	70.000	55.000	40.000	30.000
	其他材料费	%	0.500	0.500	0.500	0.500	0.500	0.500	0.500	0.500	0.500
机械	插入式振动器 1.1kW	台班	7.470	6.690	7.320	6.690	5.110	7.320	6.690	4.870	4.290
	风水枪	台班	5.080	4.930	5.550	4.930	3.370	5.470	4.930	3.370	2.590
	混凝土泵 $30m^3/h$	台班	2.150	1.920	1.750	1.670	1.450	1.760	1.670	1.390	1.220
	其他机械费	%	3.000	3.000	3.000	3.000	3.000	3.000	3.000	3.000	3.000
其他	混凝土拌制	m^3	103.000	103.000	103.000	103.000	103.000	103.000	103.000	103.000	103.000
	混凝土运输	m^3	103.000	103.000	103.000	103.000	103.000	103.000	103.000	103.000	103.000
定额编号			40022	40023	40024	40025	40026	40027	40028	40029	40030

四-6 竖井衬砌

适用范围：竖井、调压井及闸门井。

单位：100m³

项目		单位	衬砌厚度 ≤30cm	衬砌厚度 50cm	衬砌厚度 70cm	衬砌厚度 90cm
人工		工日	61.650	56.730	51.790	49.800
材料	混凝土	m^3	103.000	103.000	103.000	103.000
	水	m^3	70.000	55.000	40.000	30.000
	其他材料费	%	0.500	0.500	0.500	0.500
机械	插入式振动器 1.1kW	台班	7.240	6.690	5.110	4.430
	风水枪	台班	3.690	3.310	2.200	1.690
	其他机械费	%	5.000	5.000	5.000	5.000
其他	混凝土拌制	m^3	103.000	103.000	103.000	103.000
	混凝土运输	m^3	103.000	103.000	103.000	103.000
定额编号			40031	40032	40033	40034

注 本节定额是按溜筒下料拟定的。如用其他方式，可增加混凝土垂直运输。

四-7 混凝土面板

适用范围：堆石坝、砂砾石坝、岸坡等的防渗面板。

单位：100m³

项目		单位	数量
人工		工日	46.560
材料	混凝土	m^3	103.000
	水	m^3	160.000
	其他材料费	%	3.000
机械	插入式振动器 1.1kW	台班	6.420
	其他机械费	%	5.000
其他	混凝土拌制	m^3	103.000
	混凝土运输	m^3	103.000
定额编号			40035

四-8 溢 流 面

适用范围：溢流段的溢流面。

单位：100m³

项目		单位	数量
人工		工日	38.110
材料	混凝土	m^3	103.000
	水	m^3	120.000
	其他材料费	%	0.500
机械	插入式振动器 1.1kW	台班	3.940
	风水枪	台班	2.280
	其他机械费	%	8.000
其他	混凝土拌制	m^3	103.000
	混凝土运输	m^3	103.000
定额编号			40036

四-9 消 力 池

单位：100m³

项目		单位	数量
人工		工日	35.890
材料	混凝土	m^3	103.000
	水	m^3	93.800
	其他材料费	%	0.500
机械	插入式振动器 1.1kW	台班	7.130
	风水枪	台班	0.330
	其他机械费	%	5.000
其他	混凝土拌制	m^3	103.000
	混凝土运输	m^3	103.000
定额编号			40037

注 本节定额为消力池综合定额，包括消力墩、消力坎等。

四-10 底　　板

适用范围：溢流堰、护坦、铺盖、阻滑板、闸底板、趾板等。

单位：$100m^3$

项　　目		单位	厚度≤20cm	厚度40cm	厚度60cm	厚度80cm	厚度100cm	厚度200cm
人　　工		工日	49.560	42.670	36.830	31.930	28.190	26.480
材料	混凝土	m^3	103.000	103.000	103.000	103.000	103.000	103.000
	水	m^3	91.000	89.000	88.000	86.000	84.000	70.000
	其他材料费	%	0.500	0.500	0.500	0.500	0.500	0.500
机械	插入式振动器 1.1kW	台班	7.070	7.010	6.950	6.880	6.820	6.690
	风水枪	台班	0.330	0.330	0.330	0.330	0.330	0.330
	其他机械费	%	3.000	3.000	3.000	3.000	3.000	3.000
其他	混凝土拌制	m^3	103.000	103.000	103.000	103.000	103.000	103.000
	混凝土运输	m^3	103.000	103.000	103.000	103.000	103.000	103.000
定　额　编　号			40038	40039	40040	40041	40042	40043

注　当溢流堰堰高大于4m时，选四-1节坝（堰）定额。

四-11　顶板、水平隔板

适用范围：空箱式水闸等的顶板、水平隔板。

单位：$100m^3$

项　　目		单位	平均厚度≤20cm	平均厚度40cm	平均厚度60cm	平均厚度80cm
人　　工		工日	53.780	45.050	38.390	33.770
材料	混凝土	m^3	103.000	103.000	103.000	103.000
	水	m^3	124.000	121.000	119.000	117.000
	其他材料费	%	0.500	0.500	0.500	0.500
机械	插入式振动器 1.1kW	台班	7.910	7.770	7.640	7.500
	风水枪	台班	3.530	3.200	2.880	2.570
	其他机械费	%	3.000	3.000	3.000	3.000
其他	混凝土拌制	m^3	103.000	103.000	103.000	103.000
	混凝土运输	m^3	103.000	103.000	103.000	103.000
定　额　编　号			40044	40045	40046	40047

四-12 垫　　层

工作内容：拌制、浇筑、振捣、养护。

单位：100m^3

项目		单位	数量
人　　工		工日	42.780
材料	混凝土	m^3	103.000
	水	m^3	91.000
	其他材料费	%	0.500
机械	插入式振动器 1.1kW	台班	6.880
	风水枪	台班	3.910
	其他机械费	%	3.000
其他	混凝土拌制	m^3	103.000
	混凝土运输	m^3	103.000
定　额　编　号			40048

注　1. 非岩石基础，风水枪定额改为0.33，用水量定额乘以系数0.7。

2. 本节定额中不包括岩石基础超填混凝土量。

四-13　无砂混凝土垫层

工作内容：人工配料、机械拌和、翻斗车运输、卷扬机牵引运料车至坝面，人工摊铺。

单位：100m^3

项目		单位	数量
人　　工		工日	159.110
材料	混凝土	m^3	103.000
	其他材料费	%	0.500
机械	卷扬机 单筒慢速 5t	台班	4.380
	混凝土搅拌机 0.25m^3	台班	5.610
	平板式振动器 2.2kW	台班	5.530
	摊铺机 TX150	台班	5.530
	机动翻斗车 1t	台班	6.250
	其他机械费	%	0.500
定　额　编　号			40049

四-14 明　　渠

适用范围：引水、泄水、灌溉渠道及隧洞进出口明挖段的边坡、底板、槽形整体。

单位：$100m^3$

项目		单位	衬砌厚度≤15cm	衬砌厚度25cm	衬砌厚度35cm
人工		工日	70.640	58.340	49.400
材料	混凝土	m^3	103.000	103.000	103.000
	水	m^3	126.000	126.000	98.000
	其他材料费	%	1.000	1.000	1.000
机械	插入式振动器 1.1kW	台班	7.740	7.340	5.940
	风水枪	台班	0.330	0.330	0.330
	其他机械费	%	11.000	11.000	11.000
其他	混凝土拌制	m^3	103.000	103.000	103.000
	混凝土运输	m^3	103.000	103.000	103.000
定额编号			40050	40051	40052

注　本节定额为明渠的综合定额，包括底板和边坡。

四-15 暗　　渠

适用范围：直墙圆拱形暗渠、矩形暗渠、涵洞等。

单位：$100m^3$

项目		单位	衬砌厚度≤30cm	衬砌厚度40cm	衬砌厚度50cm	衬砌厚度60cm
人工		工日	49.800	45.510	40.430	38.190
材料	混凝土	m^3	103.000	103.000	103.000	103.000
	水	m^3	52.500	45.500	38.500	31.500
	其他材料费	%	0.500	0.500	0.500	0.500
机械	插入式振动器 1.1kW	台班	7.580	7.250	5.970	4.700
	风水枪	台班	0.330	0.330	0.330	0.330
	其他机械费	%	10.000	10.000	10.000	10.000
其他	混凝土拌制	m^3	103.000	103.000	103.000	103.000
	混凝土运输	m^3	103.000	103.000	103.000	103.000
定额编号			40053	40054	40055	40056

注　本节定额为暗渠的综合定额，包括底板、边墙和顶板。

四-16　墩

适用范围：水闸闸墩、溢洪道闸墩、桥墩、靠船墩、渡槽墩、镇支墩等。

单位：100m³

项　目		单位	数量
人　工		工日	38.490
材料	混凝土	m^3	103.000
	水	m^3	84.000
	其他材料费	%	3.000
机械	插入式振动器 1.1kW	台班	3.670
	变频机组 8.5kVA	台班	1.840
	风水枪	台班	0.990
	其他机械费	%	18.000
其他	混凝土拌制	m^3	103.000
	混凝土运输	m^3	103.000
定　额　编　号			40057

四-17 墙

适用范围：坝体内截水墙、齿墙、心墙、斜墙，挡土墙，板桩墙，导水墙，防浪墙，胸墙，地面板式直墙，圬工砌体外包混凝土等。

单位：$100m^3$

项目		单位	厚≤20cm	厚30cm	厚60cm	厚100cm	弧面墙
人工		工日	46.430	38.050	31.670	25.890	45.130
材料	混凝土	m^3	103.000	103.000	103.000	103.000	103.000
	水	m^3	180.000	160.000	140.000	120.000	160.000
	其他材料费	%	2.000	2.000	2.000	2.000	4.000
机械	插入式振动器 1.1kW	台班	8.260	8.060	6.690	6.070	9.510
	风水枪	台班	2.060	1.960	1.670	1.520	2.370
	混凝土泵 $30m^3/h$	台班	1.950	1.690	1.460	1.230	1.690
	其他机械费	%	13.000	13.000	13.000	13.000	13.000
其他	混凝土拌制	m^3	103.000	103.000	103.000	103.000	103.000
	混凝土运输	m^3	103.000	103.000	103.000	103.000	103.000
定额编号			40058	40059	40060	40061	40062

注 本节定额按混凝土泵入仓拟定。如采用人工入仓，则按下表增加人工并取消混凝土泵定额。

单位：$100m^3$

项目	单位	墙厚/cm				弧面墙
		≤20	30	60	100	
人工	工日	21.0	20.1	19.3	18.3	20.1

四-18 渡槽槽身

单位：$100m^3$

项目		单位	矩形、U形				箱形
			平均壁厚10cm	平均壁厚20cm	平均壁厚30cm	平均壁厚40cm	
人工		工日	88.210	77.330	67.910	58.470	82.930
材料	混凝土	m^3	103.000	103.000	103.000	103.000	103.000
	水	m^3	190.000	180.000	170.000	160.000	180.000
	其他材料费	%	3.000	3.000	3.000	3.000	3.000
机械	插入式振动器 1.1kW	台班	7.340	7.340	7.340	7.340	7.340
	风水枪	台班	0.330	0.330	0.330	0.330	0.330
	其他机械费	%	14.000	14.000	14.000	14.000	14.000
其他	混凝土拌制	m^3	103.000	103.000	103.000	103.000	103.000
	混凝土运输	m^3	103.000	103.000	103.000	103.000	103.000
定额编号			40063	40064	40065	40066	40067

四-19 混 凝 土 管

适用范围：圆形倒虹吸管、压力管道及各种现浇线形涵管。

单位：$100m^3$

项目		单位	管道内径≤1m		管道内径1～2m		管道内径 2～3m			管道内径 3～4m			
			管壁厚度≤0.2m	管壁厚度0.3m	管壁厚度≤0.3m	管壁厚度0.4m	管壁厚度≤0.3m	管壁厚度0.4m	管壁厚度0.5m	管壁厚度≤0.4m	管壁厚度0.5m	管壁厚度0.6m	管壁厚度0.7m
人 二		工日	79.110	64.410	56.460	53.080	52.890	49.070	45.330	45.700	41.660	37.810	30.400
材料	混凝土	m^3	103.000	103.000	103.000	103.000	103.000	103.000	103.000	103.000	103.000	103.000	103.000
	水	m^3	180.000	170.000	170.000	160.000	160.000	160.000	150.000	160.000	150.000	140.000	130.000
	其他材料费	%	0.500	0.500	0.500	0.500	0.500	0.500	0.500	0.500	0.500	0.500	0.500
机械	插入式振动器 1.1kW	台班	7.340	7.340	7.340	7.340	7.340	7.340	5.940	7.340	5.940	5.940	5.940
	风水枪	台班	7.340	4.730	4.340	3.070	4.010	3.070	2.470	2.690	2.340	1.980	1.670
	其他机械费	%	10.000	10.000	10.000	10.000	10.000	10.000	10.000	10.000	10.000	10.000	10.000
其他	混凝土拌制	m^3	103.000	103.000	103.000	103.000	103.000	103.000	103.000	103.000	103.000	103.000	103.000
	混凝土运输	m^3	103.000	103.000	103.000	103.000	103.000	103.000	103.000	103.000	103.000	103.000	103.000
定额编号			40068	40069	40070	40071	40072	40073	40074	40075	40076	40077	40078

四-20 拱

适用范围：渡槽、桥梁。

单位：100m³

项目		单位	肋拱（含横系梁）	板拱
人工		工日	74.890	57.220
材料	混凝土	m³	103.000	103.000
	水	m³	120.000	120.000
	其他材料费	%	3.000	3.000
机械	插入式振动器 1.1kW	台班	7.380	7.380
	风水枪	台班	0.340	0.340
	其他机械费	%	20.000	20.000
其他	混凝土拌制	m³	103.000	103.000
	混凝土运输	m³	103.000	103.000
定额编号			40079	40080

四-21 排架

适用范围：渡槽、桥梁、变电站。

单位：100m³

项目		单位	单根立柱横断面 ≤0.2m²	单根立柱横断面 0.3m²	单根立柱横断面 0.4m²	单根立柱横断面 0.5m²
人工		工日	71.140	63.500	57.920	56.020
材料	混凝土	m³	103.000	103.000	103.000	103.000
	水	m³	180.000	160.000	140.000	120.000
	其他材料费	%	3.000	3.000	3.000	3.000
机械	插入式振动器 1.1kW	台班	7.340	7.340	5.940	5.940
	风水枪	台班	0.330	0.330	0.330	0.330
	其他机械费	%	20.000	20.000	20.000	20.000
其他	混凝土拌制	m³	103.000	103.000	103.000	103.000
	混凝土运输	m³	103.000	103.000	103.000	103.000
定额编号			40081	40082	40083	40084

注 排架高度大于25m时，人工和其他材料费定额乘以系数1.1。

四-22 混凝土柱

适用范围：闸、坝、桥梁等。

工作内容：施工准备、仓面冲（凿）毛、冲洗、清仓、验收、浇筑、养护等。

单位：$100m^3$

项目		单位	数量
人工		工日	75.950
材料	混凝土	m^3	103.000
	水	m^3	120.000
	其他材料费	%	3.000
机械	插入式振动器 1.1kW	台班	7.970
	风水枪	台班	2.430
	其他机械费	%	20.000
其他	混凝土拌制	m^3	103.000
	混凝土运输	m^3	103.000
定额编号			40085

四-23 工作桥、公路桥

适用范围：闸、坝、溢洪道上的工作桥、交通桥。

单位：$100m^3$

项目		单位	工作桥板	公路桥板	桥面铺装
人工		工日	49.230	35.460	81.940
材料	混凝土	m^3	103.000	103.000	103.000
	水	m^3	127.000	125.000	120.000
	其他材料费	%	3.000	3.000	3.000
机械	插入式振动器 1.1kW	台班	8.210	7.930	7.550
	风水枪	台班	0.330	0.330	0.330
	其他机械费	%	3.000	3.000	3.000
其他	混凝土拌制	m^3	103.000	103.000	103.000
	混凝土运输	m^3	103.000	103.000	103.000
定额编号			40086	40087	40088

注 本节定额是按平均高度≤15m 拟定的；当平均高度＞15m 时，人工定额乘以系数 1.1，其他材料费费率调整为 5%，其他不变。

四-24　混凝土盖梁、系梁

适用范围：闸、坝、桥梁等。

工作内容：施工准备、仓面冲（凿）毛、冲洗、清仓、验收、浇筑、养护等。

单位：$100m^3$

项　　目		单位	数量
人　　工		工日	68.180
材料	混凝土	m^3	103.000
	水	m^3	120.000
	其他材料费	%	3.000
机械	插入式振动器 1.1kW	台班	8.040
	其他机械费	%	20.000
其他	混凝土拌制	m^3	103.000
	混凝土运输	m^3	103.000
定　额　编　号			40089

四-25　混凝土框架梁、连续梁

适用范围：管理房、桥头堡、机房等。

工作内容：施工准备、仓面冲（凿）毛、冲洗、清仓、验收、浇筑、养护等。

单位：$100m^3$

项　　目		单位	数量
人　　工		工日	65.200
材料	混凝土	m^3	103.000
	水	m^3	120.000
	其他材料费	%	3.000
机械	插入式振动器 1.1kW	台班	8.000
	其他机械费	%	20.000
其他	混凝十拌制	m^3	103.000
	混凝土运输	m^3	103.000
定　额　编　号			40090

四-26　混凝土楼梯

工作内容：施工准备、仓面冲（凿）毛、冲洗、清仓、验收、浇筑、养护等。

单位：100m²

项　　目		单位	无斜梁板厚100mm	有斜梁板厚100mm	无梁旋转楼梯板厚100mm	有梁旋转楼梯板厚100mm	楼梯板厚每增减10mm
人　　工		工日	59.800	73.500	49.000	91.400	3.000
材料	混凝土	m^3	21.800	26.900	17.900	33.500	1.100
	水	m^3	12.000	12.000	12.000	12.000	
	其他材料费	%	1.000	1.000	1.000	1.000	
机械	插入式振动器 1.1kW	台班	7.200	7.200	6.500	11.600	0.400
	其他机械费	%	5.000	5.000	5.000	5.000	
其他	混凝土拌制	m^3	21.800	26.900	17.900	33.500	1.100
	混凝土运输	m^3	21.800	26.900	17.900	33.500	1.100
定　额　编　号			40091	40092	40093	40094	40095

四-27　回填混凝土

适用范围：隧洞回填：施工支洞封堵及塌方回填混凝土。露天回填：露天各部位回填混凝土。填腹：箱形拱填腹及一般填腹。

单位：100m³

项　　目		单位	隧洞回填	露天回填	填腹
人　　工		工日	36.760	28.490	30.660
材料	混凝土	m^3	103.000	103.000	103.000
	水	m^3	45.000	45.000	20.000
	其他材料费	%	0.500	0.500	0.500
机械	插入式振动器 1.1kW	台班	6.690	6.690	3.340
	风水枪	台班	0.670	0.670	1.000
	其他机械费	%	8.000	8.000	8.000
其他	混凝土拌制	m^3	103.000	103.000	103.000
	混凝土运输	m^3	103.000	103.000	103.000
定　额　编　号			40096	40097	40098

四-28 模袋混凝土

适用范围：边坡、底板、水下水深≤10m。

工作内容：1. 水下部分：清理平整，潜水员配合控制、铺设模袋，混凝土拌和与充填。

2. 陆上部分：清理平整，铺设模袋，混凝土拌和与充填。

单位：$100m^3$

项目		单位	水下部分					陆上部分			
			混凝土厚度15cm	混凝土厚度20cm	混凝土厚度25cm	混凝土厚度30cm	混凝土厚度40cm	混凝土厚度10cm	混凝土厚度15cm	混凝土厚度20cm	混凝土厚度30cm
人工		工日	126.300	122.970	119.680	116.410	109.770	134.710	120.070	105.570	88.100
材料	混凝土	m^3	104.000	104.000	104.000	104.000	104.000	103.000	103.000	103.000	103.000
	土工膜袋	m^2	1471.000	1103.000	882.000	735.000	546.000	2166.000	1444.000	1082.000	721.000
	其他材料费	%	2.000	2.000	2.000	2.000	2.000	1.000	1.000	1.000	1.000
机械	混凝土泵 $30m^3/h$	台班	2.360	2.330	2.300	2.270	2.240	2.310	2.220	2.130	2.080
	混凝土搅拌机 $0.4m^3$	台班	3.860	3.860	3.860	3.860	3.860	3.860	3.860	3.860	3.860
	胶轮车	台班	17.820	17.820	17.820	17.820	17.820	17.820	17.820	17.820	17.820
	其他机械费	%	8.000	8.000	8.000	8.000	8.000	1.000	1.000	1.000	1.000
其他	混凝土运输	m^3	104.000	104.000	104.000	104.000	104.000	103.000	103.000	103.000	103.000
定额编号			40099	40100	40101	40102	40103	40104	40105	40106	40107

四-29 二期混凝土

单位：100m³

项目		单位	厂房二期	闸门槽二期
人工		工日	88.280	185.240
材料	混凝土	m^3	103.000	103.000
	水	m^3	100.000	140.000
	其他材料费	%	3.000	3.000
机械	插入式振动器 1.1kW	台班	6.780	15.200
	风水枪	台班	1.350	2.680
	其他机械费	%	11.000	11.000
其他	混凝土拌制	m^3	103.000	103.000
	混凝土运输	m^3	103.000	103.000
定额编号			40108	40109

四-30 其他混凝土

适用范围：基础：排架基础、一般设备基础等。护坡框格：堤、坝、河岸块石护坡的混凝土框格。小体积：除本章其他现浇混凝土之外的细部结构等小体积混凝土。

单位：100m³

项目		单位	独立基础	条形基础	护坡框格	小体积
人工		工日	34.060	37.000	63.010	79.170
材料	混凝土	m^3	103.000	103.000	103.000	103.000
	水	m^3	120.000	120.000	120.000	120.000
	其他材料费	%	2.000	2.000	2.000	2.000
机械	插入式振动器 1.1kW	台班	4.660	5.220	7.430	6.540
	风水枪	台班	4.340	4.860	2.490	1.240
	其他机械费	%	10.000	10.000	10.000	10.000
其他	混凝土拌制	m^3	103.000	103.000	103.000	103.000
	混凝土运输	m^3	103.000	103.000	103.000	103.000
定额编号			40110	40111	40112	40113

四－31　砌体压顶混凝土

适用范围：浆（干）砌石墙、墩、台等压顶混凝土。

单位：$100m^3$

项目		单位	数量
人工		工日	48.140
材料	混凝土	m^3	103.000
	水	m^3	161.700
	其他材料费	%	3.000
机械	插入式振动器 1.1kW	台班	8.310
	风水枪	台班	3.230
	其他机械费	%	10.000
其他	混凝土拌制	m^3	103.000
	混凝土运输	m^3	103.000
定额编号			40114

四－32　堆石混凝土

适用范围：坝、底板、墩、墙等。

工作内容：毛石冲洗、入仓、整平，混凝土凿毛、冲洗、清理、运输、浇筑、平仓、养护等。

单位：$100m^3$

项目		单位	坝	底板	墩、墙
人工		工日	25.740	26.550	35.140
材料	混凝土	m^3	46.350	46.350	56.650
	乱石	m^3	95.740	95.740	78.330
	水	m^3	105.000	105.000	120.000
	其他材料费	%	2.000	2.000	2.000
机械	挖掘机 $1m^3$	台班	0.120	0.120	0.120
	风水枪	台班	2.220	2.220	1.820
	其他机械费	%	10.000	10.000	10.000
其他	混凝土拌制	m^3	46.350	46.350	56.650
	混凝土运输	m^3	46.350	46.350	56.650
定额编号			40115	40116	40117

注　1. 本节定额按堆石率坝体及底板55%、墩墙45%拟定。如设计要求不同时，乱石及混凝土数量可作调整，但混凝土加乱石总量$103m^3$（实体方）不变。

2. 风水枪是用于清洗乱石的。乱石自石料场运至浇筑工作面的全部水平和垂直运输费应计入乱石预算价格。

3. 挖掘机用于工作面内乱石和混凝土运输、整平。

4. 乱石按码方计，$1m^3$ 实体方＝$1.69m^3$ 码方。

四-33　橡胶坝坝袋安装

工作内容：锚栓预埋，铺设橡胶底垫片、止水胶片，橡胶坝袋就位，垫板、压板安装，坝袋锚固，锚固槽二期混凝土浇筑，充水、排水试验。

单位：10m

项目		单位	坝高 1.00m	坝高 1.50m	坝高 2.00m	坝高 2.50m	坝高 3.00m	坝高 5.00m
人工		工日	67.400	79.900	92.000	104.200	110.300	140.900
材料	镀锌螺栓	kg	277.300	277.300	277.300	277.300	407.500	935.800
	坝袋	m^2	42.540	60.670	78.900	97.030	115.210	187.870
	底垫片	m^2	30.070	40.230	50.400	60.560	70.730	112.370
	止水胶片	m^2	4.610	4.610	4.610	4.610	4.610	4.610
	混凝土	m^3	1.950	1.950	1.950	2.650	2.650	2.650
	水	m^3	5.000	5.000	5.000	6.000	6.000	6.000
	预埋铁件	kg	34.190	39.880	45.580	51.270	54.120	62.670
	铁垫板	kg	146.230	146.230	146.230	146.230	209.970	299.950
	钢压板	kg	673.540	673.540	673.540	673.540	802.640	1038.380
	其他材料费	%	10.000	10.000	10.000	10.000	10.000	10.000

续表

项目		单位	坝高 1.00m	坝高 1.50m	坝高 2.00m	坝高 2.50m	坝高 3.00m	坝高 5.00m
机械	汽车起重机 8t	台班	0.690	0.840	0.980			
	12t	台班				1.110	1.250	1.670
	挖掘机 $1m^3$	台班	1.400	1.670	1.950			
	$2m^3$	台班				2.230	2.500	3.350
	插入式振动器 1.1kW	台班	0.200	0.200	0.200	0.280	0.270	0.270
	风水枪	台班	0.210	0.210	0.210	0.210	0.210	0.210
	载重汽车 5t	台班	0.090	0.140	0.190	0.270	0.280	0.420
	其他机械费	%	5.000	5.000	5.000	5.000	5.000	5.000
其他	混凝土运输	m^3	1.950	1.950	1.950	2.650	2.650	2.650
	混凝土拌制	m^3	1.950	1.950	1.950	2.650	2.650	2.650
定额编号			40118	40119	40120	40121	40122	40123

注 1. 橡胶坝袋及配件（镀锌螺栓、底垫片、止水胶片、垫板、压板等）的规格、数量可按设计要求进行调整。

2. 如橡胶坝袋单价已含配件费用，则定额中的配件材料费不得重复计算。

3. 本定额按整体坝袋（坝袋内压比1.3～1.4）上下游双锚固法拟定，定额单位为10m坝袋长。坝袋总长度按基础底部长度＋两侧斜坡（含锚固）长度。

4. 本定额未包括坝袋混凝土基础及充、排水系统费用。

四-34 预制渡槽槽身

工作内容：模板制作、安装、拆除，混凝土拌制、场内运输、浇筑、养护，构件堆放。

单位：$100m^3$

项目		单位	U形	矩形肋板式
人工		工日	458.090	85.990
材料	板枋材	m^3	0.880	3.040
	组合钢模板	kg	344.520	
	型钢	kg	748.940	
	卡扣件	kg	139.200	
	铁件	kg	217.400	42.820
	预埋铁件	kg	354.360	
	电焊条	kg	1.230	
	铁钉	kg	4.230	10.550
	混凝土	m^3	102.000	102.000
	水	m^3	180.000	180.000
	其他材料费	%	3.000	3.000
机械	插入式振动器 1.1kW	台班	6.730	6.730
	平板式振动器 2.2kW	台班		4.050
	载重汽车 5t	台班	0.560	0.090
	交流电焊机 25kVA	台班	0.210	
	其他机械费	%	15.000	15.000
其他	混凝土拌制	m^3	102.000	102.000
	混凝土运输	m^3	102.000	102.000
定额编号			40124	40125

四-35 预制混凝土拱、拱波、横系梁及排架

适用范围：渡槽、桥梁或变电站等。

工作内容：模板制作、安装、拆除，混凝土拌制、场内运输、浇筑、养护，构件堆放。

单位：$100m^3$

项目		单位	矩形拱肋	横系梁	双曲拱波	排架
人工		工日	84.460	149.990	320.550	123.600
材料	板枋材	m^3	0.390	0.400		0.200
	专用钢模板	kg		122.400	88.800	
	组合钢模板	kg	85.430			128.670
	型钢	kg	59.200		55.890	51.550
	卡扣件	kg	41.690			75.910
	预埋铁件	kg	1968.340	2735.000		479.550
	电焊条	kg	6.900	9.590		1.680
	铁钉	kg	1.490	1.800		0.660
	混凝土	m^3	102.000	102.000	102.000	102.000
	水	m^3	180.000	180.000	180.000	180.000
	铁件	kg	30.130	40.900		
	其他材料费	%	2.000	2.000	2.000	2.000
机械	插入式振动器 1.1kW	台班	7.340	7.340	7.340	7.350
	载重汽车 5t	台班	0.090	0.110	0.090	0.100
	交流电焊机 25kVA	台班	1.320	1.830		0.320
	其他机械费	%	15.000	15.000	15.000	15.000
其他	混凝土拌制	m^3	102.000	102.000	102.000	102.000
	混凝土运输	m^3	102.000	102.000	102.000	102.000
定额编号			40126	40127	40128	40129

四-36 预制混凝土护坡、护底板

适用范围：渠道护坡、护底。

工作内容：模板制作、安装、拆除，混凝土拌和、场内运输、浇筑、养护，构件堆放。

单位：100m³

项目		单位	厚度 ≤8cm	厚度 8～12cm	厚度 12～16cm	厚度 >16cm
人工		工日	143.980	141.480	137.710	133.370
材料	标准钢模板	kg	116.410	91.940	81.160	75.670
	铁件	kg	24.590	17.790	14.830	13.250
	混凝土	m³	102.000	102.000	102.000	102.000
	水	m³	150.000	150.000	150.000	150.000
	其他材料费	%	1.000	1.000	1.000	1.000
机械	载重汽车 5t	台班	0.270	0.210	0.190	0.170
	平板式振动器 2.2kW	台班	5.490	5.000	4.480	4.010
	其他机械费	%	7.000	7.000	7.000	7.000
其他	混凝土拌制	m³	102.000	102.000	102.000	102.000
	混凝土运输	m³	102.000	102.000	102.000	102.000
定额编号			40130	40131	40132	40133

四-37 预制混凝土板

工作内容：模板制作、安装、拆除，混凝土浇筑、养护，构件堆放。

单位：$100m^3$

项目		单位	空心板		平板	肋形或槽形板	地沟盖板	大型屋面板
			构件孔数					
			4孔以下	4孔以上				
人工		工日	205.320	188.800	156.650	314.970	172.350	215.710
材料	板枋材	m^3	0.200	0.200	1.000	2.110	3.060	1.800
	钢模板	kg	130.500	106.000	29.500	28.500		56.000
	型钢	kg	52.200	42.400	11.800	11.400		22.400
	卡扣件	kg	78.300	63.600	17.700	17.100		33.600
	预埋铁件	kg				46.000		73.000
	电焊条	kg	2.870	19.000	2.330	0.620		1.230
	铁钉	kg	0.800	0.700	0.700	6.000	11.000	16.000
	混凝土	m^3	102.000	102.000	102.000	102.000	102.000	102.000
	水	m^3	248.000	240.000	240.000	230.000	266.000	281.000
	其他材料费	%	1.000	1.000	0.500	0.500	0.500	0.500
机械	塔式起重机 10t	台班	3.340	3.340	3.340	3.340	3.340	3.340
	插入式振动器 2.2kW	台班	8.620	8.020	8.420	8.820	9.220	6.410
	载重汽车 5t	台班	0.240	0.240	0.240	0.240	0.240	0.240
	交流电焊机 25kVA	台班	0.710	4.160	0.170	0.160		0.300
	其他机械费	%	2.000	2.000	0.500	0.500	0.500	0.500
其他	混凝土拌制	m^3	102.000	102.000	102.000	102.000	102.000	102.000
	混凝土运输	m^3	102.000	102.000	102.000	102.000	102.000	102.000
定额编号			40134	40135	40136	40137	40138	40139

四-38 预制混凝土梁

工作内容：模板制作、安装、拆除，混凝土浇筑、养护，构件吊移。

单位：100m³

项目		单位	矩形梁 体积 ≤1m³	矩形梁 体积 1～2m³	矩形梁 体积 2～3m³	T形梁	吊车梁	过梁	I形梁	π形梁
人工		工日	164.990	118.360	96.810	186.590	188.580	201.410	174.040	241.990
材料	钢模板	kg	404.500	312.500	280.000	597.500	514.500	447.500	808.000	1183.500
	型钢	kg	161.800	125.000	112.000	239.000	205.800	179.000	323.200	473.400
	卡扣件	kg	242.700	187.500	168.000	358.500	308.700	268.500	484.800	710.100
	预埋铁件	kg	74.000	48.000	33.000	801.000	939.000	51.000	253.000	275.000
	电焊条	kg	8.270	6.580	5.400	24.080	16.710	14.470	10.610	27.900
	脱模剂	kg	90.000	75.000	55.000	60.000	95.000	100.000	60.000	90.000
	混凝土	m³	102.000	102.000	102.000	102.000	102.000	102.000	102.000	102.000
	水	m³	113.000	87.000	80.000	104.000	90.000	133.000	89.000	100.000
	其他材料费	%	0.500	0.500	0.500	0.500	0.500	0.500	0.500	0.500
机械	塔式起重机 10t	台班	3.340	3.340	3.340	3.340	3.340	3.340	3.340	3.340
	插入式振动器 2.2kW	台班	6.610	6.210	6.010	7.010	6.410	9.020	7.010	7.010
	载重汽车 5t	台班	0.240	0.240	0.240	0.240	0.240	0.240	0.240	0.240
	交流电焊机 25kVA	台班	2.290	1.820	1.500	6.670	4.630	4.010	2.940	7.730
	其他机械费	%	0.500	0.500	0.500	0.500	0.500	0.500	0.500	0.500
其他	混凝土拌制	m³	102.000	102.000	102.000	102.000	102.000	102.000	102.000	102.000
	混凝土运输	m³	102.000	102.000	102.000	102.000	102.000	102.000	102.000	102.000
定额编号			40140	40141	40142	40143	40144	40145	40146	40147

四-39　预制混凝土柱、桩

工作内容：模板制作、安装、拆除，混凝土浇筑、养护，构件堆放。

单位：$100m^3$

项目		单位	独立牛腿	围墙柱	柱			桩	
					体积 $\leqslant 0.5m^3$	体积 $0.5\sim 1m^3$	体积 $>1m^3$	长度 $\leqslant 10m$	长度 $>10m$
人工		工日	130.520	188.180	168.560	135.610	123.330	187.870	195.230
材料	板枋材	m^3	1.140	1.040	0.200	0.180	0.160	0.050	
	钢模板	kg	173.500	704.000	380.000	275.000	215.000	485.000	485.000
	型钢	kg	69.400	281.600	152.000	110.000	86.000	194.000	194.000
	卡扣件	kg	104.000	422.400	228.000	165.000	129.000	291.000	291.000
	预埋铁件	kg	1536.000	124.000	213.000	540.000	963.000	540.000	540.000
	电焊条	kg	3.730	15.790	7.800	5.700	4.400	10.000	10.000
	铁钉	kg	10.350	4.200	0.800	0.700	0.700	0.300	0.300
	混凝土	m^3	102.000	102.000	102.000	102.000	102.000	102.000	102.000
	水	m^3	89.000	136.000	99.000	90.000	90.000	95.000	98.000
	其他材料费	%	0.500	0.500	0.500	0.500	0.500	0.500	0.500
机械	汽车起重机 10t	台班	3.340	3.340	3.340	3.340	3.340	3.340	3.340
	插入式振动器 2.2kW	台班	7.210	7.210	7.210	6.610	6.210	6.680	6.680
	载重汽车 5t	台班	0.240	0.240	0.240	0.240	0.240	0.240	0.240
	交流电焊机 25kVA	台班	0.930	2.820	1.960	1.430	1.090	2.480	2.480
	其他机械费	%	0.500	0.500	0.500	0.500	0.500	0.500	0.500
其他	混凝土拌制	m^3	102.000	102.000	102.000	102.000	102.000	102.000	102.000
	混凝土运输	m^3	102.000	102.000	102.000	102.000	102.000	102.000	102.000
定额编号			40148	40149	40150	40151	40152	40153	40154

四-40 预制混凝土一般块体、异性块体

工作内容：模板制作、安装，混凝土浇筑、养护，预制件吊移。

单位：100m^3

项目		单位	一般块体	异性块体
人工		工日	139.900	153.970
材料	板枋材	m^3	1.170	1.400
	铁件	kg	20.000	24.000
	铁钉	kg	16.000	19.200
	混凝土	m^3	102.000	102.000
	水	m^3	80.000	96.000
	其他材料费	%	0.500	5.000
机械	塔式起重机 10t	台班	1.670	2.000
	插入式振动器 1.1kW	台班	5.830	7.000
	载重汽车 5t	台班	0.240	0.290
	其他机械费	%	0.500	0.500
其他	混凝土拌制	m^3	102.000	102.000
	混凝土运输	m^3	102.000	102.000
定额编号			40155	40156

注 1. 一般块体是指规则的大预制块、多面体。

2. 异性块体是指消浪（能）用的扭工字块、扭王字块、薄壁多孔块等不规则块体。

四-41　预制混凝土梁、板、柱安装

适用范围：预制混凝土梁、板、柱、排架等陆上安装。

二作内容：连接铁件的安装、构件吊装校正、焊接固定及临时固定、填缝灌浆。

单位：$100m^3$

项目		单位	梁			板				柱、排架		
			单个构件体积 $\leqslant 2m^3$	单个构件体积 $2\sim 3m^3$	单个构件体积 $>3m^3$	单个构件体积 $\leqslant 0.2m^3$	单个构件体积 $0.2\sim 0.4m^3$	单个构件体积 $0.4\sim 0.6m^3$	单个构件体积 $0.6\sim 2.0m^3$	单个构件体积 $\leqslant 2m^3$	单个构件体积 $2\sim 5m^3$	单个构件体积 $5\sim 8m^3$
人工		工日	53.330	37.860	34.210	42.270	33.640	25.250	23.920	69.310	32.990	31.440
材料	预制混凝土构件	m^3	(100.000)	(100.000)	(10C.000)	(100.000)	(100.000)	(100.000)	(100.000)	(100.000)	(100.000)	(100.000)
	板枋材	m^3	0.480	0.430	0.380	0.190	0.190	0.630	0.190	0.550	0.260	0.180
	原木	m^3	0.420	0.420	0.420	0.620	0.620	0.620	0.620	0.580	0.580	0.580
	铁垫块	kg	98.000	65.000	43.000			71.000	71.000			
	铁丝	kg	8.000	8.000	8.000	13.000	13.000	13.000	13.000		20.000	13.000
	电焊条	kg	278.000	241.000	16C.000			27.000	27.000			
	混凝土	m^3	10.200	7.100	6.000	13.500	9.400	8.600	6.000	5.000	8.000	8.000
	水泥砂浆	m^3				1.800	1.600	1.300	1.100			
	其他材料费	%	2.000	2.000	2.000	2.000	2.000	2.000	2.000	2.000	5.000	5.000
机械	履带起重机 15t	台班	2.420			5.430	4.330	3.230	2.130	2.790		
	25t	台班		1.910	1.430						2.640	
	50t	台班										2.050
	交流电焊机 25kVA	台班	17.640	11.270	7.540			4.290	2.150			
	其他机械费	%	0.500	0.500	0.500	0.500	0.500	0.500	0.500	0.500	0.500	0.500
其他	混凝土（砂浆）拌制	m^3	10.200	7.100	6.000	15.300	11.000	9.900	7.100	5.000	8.000	8.000
	混凝土（砂浆）运输	m^3	10.200	7.100	6.000	15.300	11.000	9.900	7.100	5.000	8.000	8.000
定额编号			40157	40158	4C159	40160	40161	40162	40163	40164	40165	40166

四-42　缆索吊装预制混凝土槽身、排架、拱肋、梁

工作内容：构件吊装、校正、固定、焊接，二期混凝土浇筑，填缝灌浆。

单位：$100m^3$

项目		单位	槽身	排架	矩形拱肋	箱形拱肋	横系梁
人工		工日	195.400	201.520	302.800	332.440	89.720
材料	预制混凝土构件	m^3	(100.000)	(100.000)	(100.000)	(100.000)	(100.000)
	板枋材	m^3	1.470	2.000	1.210	1.210	0.700
	组合钢模板	kg	24.390	25.200	4.430		
	型钢	kg		9.750	4.690		
	钢板	kg			158.060		
	卡扣件	kg	12.220	15.330	6.200		
	铁件	kg	15.030		30.310	47.390	
	钢筋	kg		626.850			
	电焊条	kg	27.650	23.240	36.960	42.450	
	环氧砂浆	m^3	0.100			0.560	
	混凝土	m^3	6.460	7.350	1.740		
	其他材料费	%	0.500	0.500	0.500	0.500	0.500
机械	交流电焊机 25kVA	台班	4.830	4.060	6.450	7.380	
	卷扬机 单筒慢速 3t	台班	7.490	4.130	20.170	23.030	
	简易缆索起重机 起重量×跨距 40t×200m	台班	3.670	6.280	6.300	6.990	2.370
	其他机械费	%	0.500	0.500	0.500	0.500	0.500
其他	混凝土拌制	m^3	6.460	7.350	1.740		
	混凝土运输	m^3	6.460	7.350	1.740		
定额编号			40167	40168	40169	40170	40171

注　1. 本节简易缆索起重机跨距按实际选取。

2. 双曲拱波吊装采用矩形拱肋子目。

3. 腹拱肋吊装采用箱形拱肋子目。

四-43 预制混凝土闸门

工作内容：模板制作、安装、拆除，混凝土浇筑、养护，构件堆放。

单位：100m³

项目		单位	每件混凝土体积≤1m³	每件混凝土体积1～3m³	每件混凝土体积>3m³
人工		工日	178.480	160.040	141.780
材料	标准钢模板	kg	220.000	215.000	210.000
	型钢	kg	517.000	506.000	494.000
	卡扣件	kg	132.000	129.000	126.000
	预埋铁件	kg	1459.000	1439.000	1419.000
	电焊条	kg	18.000	17.400	16.690
	混凝土	m³	102.000	102.000	102.000
	水	m³	200.000	200.000	200.000
	其他材料费	%	0.500	0.500	0.500
机械	汽车起重机 10t	台班	2.000	2.000	2.000
	载重汽车 5t	台班	3.060		
	10t	台班		2.450	
	汽车拖车头 20t	台班			1.130
	平板挂车 20t	台班			1.130
	插入式振动器 2.2kW	台班	7.350	6.740	6.120
	交流电焊机 25kVA	台班	3.130	3.080	3.040
	其他机械费	%	0.500	0.500	0.500
其他	混凝土拌制	m³	102.000	102.000	102.000
	混凝土运输	m³	102.000	102.000	102.000
定额编号			40172	40173	40174

四-44 混凝土U形槽预制、安装

适用范围：渠道、排水沟。

工作内容：1. 预制：模板制作、安装、拆除，混凝土浇筑、养护，构件吊移。

2. 安装：构件吊装、校正、焊接固定及临时固定、填缝灌浆。

单位：$100m^3$

项目		单位	预制	安装
人工		工日	190.030	27.940
材料	板枋材	m^3	3.440	0.650
	预埋铁件	kg	336.000	
	电焊条	kg	2.690	60.000
	铁钉	kg	38.000	
	混凝土	m^3	102.000	
	水泥砂浆	m^3		2.000
	水	m^3	135.000	
	其他材料费	%	0.500	3.000
机械	塔式起重机 10t	台班	2.600	
	载重汽车 5t	台班	0.180	
	插入式振动器 2.2kW	台班	6.250	
	履带起重机 5t	台班		4.370
	交流电焊机 25kVA	台班	0.870	9.530
	其他机械费	%	1.000	3.000
其他	混凝土（砂浆）拌制	m^3	102.000	2.000
	混凝土（砂浆）运输	m^3	102.000	2.000
定额编号			40175	40176

四-45 搅拌机拌制混凝土

工作内容：场内配运水泥、骨料，投料、加水、加外加剂，搅拌、出料，清洗。

单位：$100m^3$

项目		单位	搅拌机出料 $0.4m^3$	搅拌机出料 $0.8m^3$
人工		工日	15.560	9.960
材料	零星材料费	%	2.000	2.000
机械	混凝土搅拌机 $0.8m^3$	台班		1.440
	混凝土搅拌机 $0.4m^3$	台班	3.010	
	装载机 $1m^3$	台班	2.160	2.160
定额编号			40177	40178

四-46 搅拌站拌制混凝土

工作内容：场内配运水泥、骨料，投料、加水、加外加剂，搅拌、出料，清洗。

单位：$100m^3$

项目		单位	生产能力 $15m^3/h$ 以内	生产能力 $25m^3/h$ 以内	生产能力 $40m^3/h$ 以内	生产能力 $60m^3/h$ 以内
人工		工日	1.500	1.500	1.500	1.500
材料	零星材料费	%	2.000	2.000	2.000	2.000
机械	装载机 $1m^3$	台班	1.040	0.770	0.390	0.230
	混凝土搅拌站 $15m^3/h$	台班	1.210			
	$25m^3/h$	台班		0.900		
	$40m^3/h$	台班			0.450	
	$60m^3/h$	台班				0.290
定额编号			40179	40180	40181	40182

四-47 胶轮车运混凝土

工作内容：装、运、卸、清洗。

单位：100m³

项目		单位	运距≤50m	运距 100m	每增运 50m
人工		工日	8.560	11.510	3.040
材料	零星材料费	%	5.000	5.000	
机械	胶轮车	台班	8.740	11.690	0.660
定额编号			40183	40184	40185

注 洞内运输，人工、胶轮车定额乘以系数 1.25。

四-48 斗车运混凝土

工作内容：装、运、卸、清洗。

单位：100m³

项目		单位	运距≤50m	运距 100m	运距 200m	运距 300m	运距 400m	每增运 50m
人工		工日	6.910	8.450	11.470	14.510	17.350	1.470
材料	零星材料费	%	5.000	5.000	5.000	5.000	5.000	
机械	V型斗车 窄轨 容积 0.6m³	台班	3.520	4.290	5.810	7.270	8.790	0.710
定额编号			40186	40187	40188	40189	40190	40191

注 洞内运输，人工、斗车定额乘以系数 1.25。

四-49 机动翻斗车运混凝土

工作内容：装、运、卸、空回。

单位：100m³

项目		单位	运距≤100m	运距 200m	运距 300m	运距 400m	每增运 100m
人工		工日	7.570	7.570	7.570	7.570	
材料	零星材料费	%	5.000	5.000	5.000	5.000	
机械	机动翻斗车 1t	台班	2.980	3.480	3.950	4.380	0.410
定额编号			40192	40193	40194	40195	40196

注 洞内运输，人工、机械定额乘以系数 1.25。

四－50　混凝土泵输送混凝土

适用范围：运送各种常态混凝土入仓。

工作内容：受料、输送、清理等。

（1）混凝土泵 $30m^3/h$

单位：$100m^3$

项目		单位	水平输送折算距离≤50m	水平输送折算距离100m	水平输送折算距离150m	水平输送折算距离200m	水平输送折算距离250m	水平输送折算距离300m
人工		工日	2.250	2.350	2.530	2.630	3.010	3.100
材料	零星材料费	%	5.000	5.000	5.000	5.000	5.000	5.000
机械	混凝土泵 $30m^3/h$	台班	0.930	0.980	1.040	1.090	1.240	1.290
定额编号			40197	40198	40199	40200	40201	40202

注　1. 本节定额仅为混凝土泵输送混凝土费，不含混凝土材料费。

2. 本节定额按直径125mm钢管输送计算；垂直高度1m，折算水平距离6m。

3. 混凝土搅拌站（机）至混凝土泵之间的运费另按有关子目计。

(2) 混凝土泵 $60m^3/h$

单位：$100m^3$

项目		单位	水平输送折算距离≤50m	水平输送折算距离 100m	水平输送折算距离 150m	水平输送折算距离 200m	水平输送折算距离 250m	水平输送折算距离 300m
人工		工日	1.130	1.140	1.220	1.410	1.510	1.600
材料	零星材料费	%	5.000	5.000	5.000	5.000	5.000	5.000
机械	混凝土泵 $60m^3/h$	台班	0.440	0.460	0.490	0.550	0.590	0.630
定额编号			40203	40204	40205	40206	40207	40208

注 1. 本节定额仅为混凝土泵输送混凝土费，不含混凝土材料费。
2. 本节定额按直径 125mm 钢管输送计算；垂直高度 1m，折算水平距离 6m。
3. 混凝土搅拌站（机）至混凝土泵之间的运费另按有关子目计。

四-51　自卸汽车运混凝土

适用范围：配合搅拌站或设有储料箱装车。

工作内容：装车、运输、卸料、空回、清洗。

单位：100m³

项目		单位	运距≤0.5km	运距 1km	运距 2km	运距 3km	每增运 0.5km
人工		工日	2.690	2.690	2.690	2.690	
材料	零星材料费	%	5.000	5.000	5.000	5.000	
机械	自卸汽车 3.5t	台班	2.250	2.850	4.090	4.460	0.450
	5t	台班	1.690	2.130	2.820	3.340	0.350
	8t	台班	1.270	1.600	2.000	2.330	0.180
	10t	台班	1.200	1.500	1.890	2.220	0.170
	15t	台班	0.800	1.010	1.250	1.460	0.120
	20t	台班	0.640	0.810	1.000	1.180	0.100
定额编号			40209	40210	40211	40212	40213

注　洞内运输，人工、机械定额乘以系数 1.25。

四-52　装载机装运混凝土

工作内容：装料、运输、卸除、空回；推土机推平。

(1) 1m³ 装载机

单位：100m³

项目		单位	运距≤20m	运距 40m	运距 60m	运距 80m	运距 100m
人工		工日	2.120	2.120	2.120	2.120	2.120
材料	零星材料费	%	5.000	5.000	5.000	5.000	5.000
机械	装载机 1m³	台班	0.530	0.610	0.710	0.790	0.840
	推土机 74kW	台班	0.110	0.110	0.110	0.110	0.110
定额编号			40214	40215	40216	40217	40218

注　当运距大于 100m 时，应改用其他运输方式。

(2) 1.5m³ 装载机

单位：100m³

项目		单位	运距≤20m	运距40m	运距60m	运距80m	运距100m
人工		工日	1.700	1.700	1.700	1.700	1.700
材料	零星材料费	%	5.000	5.000	5.000	5.000	5.000
机械	装载机 1.5m³	台班	0.430	0.500	0.570	0.630	0.680
	推土机 88kW	台班	0.090	0.090	0.090	0.090	0.090
定额编号			40219	40220	40221	40222	40223

注 当运距大于100m时，应改用其他运输方式。

四-53 泄槽运混凝土

工作内容：开、关储料斗活门，扒料，冲洗料斗泄槽。

单位：100m³

项目		单位	泄槽斜长≤5m	泄槽斜长7m	泄槽斜长9m	每增运2m
人工		工日	3.240	3.590	3.960	0.460
材料	零星材料费	%	20.000	20.000	20.000	
定额编号			40224	40225	40226	40227

注 泄槽摊销费已计入零星材料费。

四-54 搅拌车运混凝土

适用范围：配合搅拌站（机）直接装车。

工作内容：装车、运输、卸料、空回、清洗。

单位：100m³

项目		单位	运距≤0.5km	运距1km	运距2km	运距3km	每增运0.5km
人工		工日	2.690	2.690	2.690	2.690	
材料	零星材料费	%	2.000	2.000	2.000	2.000	
机械	混凝土搅拌车 3m³	台班	2.150	2.530	3.000	3.450	0.230
	6m³	台班	1.120	1.320	1.560	1.790	0.120
定额编号			40228	40229	40230	40231	40232

注 洞内运输，人工、机械定额乘以系数1.25。

四-55　塔式起重机吊运混凝土

适用范围：内燃机车或汽车运混凝土吊罐。

单位：$100m^3$

项目		单位	混凝土吊罐 $3m^3$			混凝土吊罐 $2m^3$			混凝土吊罐 $1m^3$		
			吊高 ≤10m	吊高 ≤30m	吊高 >30m	吊高 ≤10m	吊高 ≤30m	吊高 >30m	吊高 ≤10m	吊高 ≤30m	吊高 >30m
人工		工日	1.610	2.000	2.330	3.210	3.830	4.450	6.700	7.970	9.200
材料	零星材料费	%	6.000	6.000	6.000	6.000	6.000	6.000	6.000	6.000	6.000
机械	塔式起重机 25t	台班	0.300	0.390	0.450						
	8t	台班				0.540	0.690	0.830			
	6t	台班							1.200	1.430	1.610
	混凝土吊罐 $3m^3$	台班	0.300	0.390	0.450						
	$2m^3$	台班				0.540	0.690	0.830			
	$1m^3$	台班							1.200	1.430	1.610
定额编号			40233	40234	40235	40236	40237	40238	40239	40240	40241

注　适用于吊罐直接入仓，如卸入溜筒转运，人工、机械定额乘以系数1.25。

四-56 井架提升混凝土

工作内容：装、运、卸、空回、清洗。

单位：$100m^3$

项目		单位	提升30m	每增减5m
人工		工日	12.840	0.820
材料	零星材料费	%	6.000	
机械	胶轮车	台班	7.710	0.400
	卷扬机 单筒慢速 3t	台班	5.260	0.400
定额编号			40242	40243

注 混凝土搅拌机到井架之间的混凝土运输另按有关子目计。

四-57 履带机吊运混凝土

适用范围：履带机改装的起重机，内燃机车或汽车运送混凝土 $3m^3$ 吊罐。

工作内容：吊运、入仓、空回、清洗。

单位：$100m^3$

项目		单位	吊高≤15m	吊高>15m
人工		工日	1.370	1.920
材料	零星材料费	%	10.000	10.000
机械	履带起重机 25t	台班	0.270	0.380
	混凝土吊罐 $3m^3$	台班	0.270	0.380
定额编号			40244	40245

四-58 塔带机、胎带机运送混凝土

适用范围：配合胶带机或储料斗（胎带机）。

工作内容：给料、运输、卸料、清洗皮带。

单位：$100m^3$

项目		单位	塔带机	胎带机
人工		工日	0.200	1.560
材料	零星材料费	%	1.000	1.000
机械	塔带机 TC/TB2400	台班	0.085	
	胎带机 ROTECCC200－24 $400m^3/h$	台班		0.140
	载重汽车 15t	台班		0.010
	汽车起重机 25t	台班		0.010
定额编号			40246	40247

注 胎带机若配合胶带机进料，则取消载重汽车、汽车起重机。

四-59 平洞衬砌混凝土运输

适用范围：用于平洞衬砌的混凝土运输。

工作内容：装料、平洞内外或井内运输、卸料、组车、空回。

单位：100m³

项目		单位	平洞段		斜井段 ≤500m	竖井段 ≤80m
			运距 200m	每增运 100m		
人工		工日	7.780	0.460	1.230	1.230
材料	零星材料费	%	2.000		2.000	2.000
机械	V型斗车 窄轨 容积0.6m³	台班	13.380	0.700	4.260	
	电瓶机车 5t	台班	1.110	0.110		
	胶带输送机 带宽×带长 500mm×10m	台班	1.110			
	双筒绞车 1.2×1.0m	台班			0.730	0.730
	吊斗（桶）2m³	台班				1.650
	其他机械费	%	3.000		3.000	3.000
定额编号			40248	40249	40250	40251

四-60　斜井、竖井衬砌混凝土运输

适用范围：斜井：用于斜井衬砌时，斜井段混凝土运输，井深≤500m，倾角≤30°。竖井：用于竖井衬砌时，竖井段混凝土运输，井深≤80m。

工作内容：井口30m装料、斜（竖）井运输、卸料、空回。

单位：$100m^3$

项　目		单位	斜井	竖井
人　工		工日	6.680	8.420
材料	零星材料费	%	2.000	2.000
机械	V型斗车 窄轨 容积 $1m^3$	台班	8.870	
	吊斗（桶）$2m^3$	台班		2.890
	双筒绞车 1.2×1.0m	台班	1.120	1.450
	胶带输送机 带宽×带长 500mm×10m	台班	1.180	
	其他机械费	%	5.000	5.000
定　额　编　号			40252	40253

四-61　斜坡道吊运混凝土

工作内容：储料斗滑槽装斗车，吊运、卸料，滑槽出料、清洗。

单位：$100m^3$

项　目		单位	运距20m	运距30m	运距40m	运距50m	每增运5m
人　工		工日	3.160	3.910	4.880	5.310	0.410
材料	零星材料费	%	4.000	4.000	4.000	4.000	
机械	卷扬机 单筒慢速 10t	台班	0.650	0.810	0.960	1.110	0.070
	V型斗车 窄轨 容积 $1m^3$	台班	0.650	0.810	0.960	1.110	0.070
定　额　编　号			40254	40255	40256	40257	40258

四-62 胶轮车运混凝土护坡、护底预制板

工作内容：装、运、卸、堆、空回。

单位：100m³

项目		单位	装运 50m	每增运 25m
人工		工日	28.390	1.350
材料	零星材料费	%	4.000	
机械	胶轮车	台班	26.390	1.350
定额编号			40259	40260

注 本节定额适用于运距≤200m。

四-63 人工装手扶拖拉机运混凝土护坡、护底预制板

工作内容：装、运、卸、堆、空回。

单位：100m³

项目		单位	运距≤50m	运距100m	运距200m	运距300m	每增运50m
人工		工日	17.290	17.290	17.290	17.290	
材料	零星材料费	%	3.000	3.000	3.000	3.000	
机械	手扶式拖拉机 11kW	台班	7.050	7.270	7.740	8.160	0.190
定额编号			40261	40262	40263	40264	40265

四-64 简易龙门式起重机吊运预制混凝土构件

适用范围：单件重小于40t的预制混凝土渡槽槽壳、拱肋、排架等大型构件由预制场至安装地点运输。

工作内容：装、平运200m以内、卸。

单位：$100m^3$ 混凝土构件

项目		单位	槽壳	拱肋	其他
人工		工日	12.520	21.340	11.050
材料	板枋材	m^3	0.300	0.300	0.200
	铁件	kg	12.000	12.000	8.000
	其他材料费	%	10.000	10.000	10.000
机械	简易龙门式起重机 40t	台班	1.830	3.140	1.600
	其他机械费	%	10.000	10.000	10.000
定额编号			40266	40267	40268

四-65 汽车运预制混凝土构件

（1）一般混凝土构件

适用范围：预制混凝土梁、柱等一般构件。

工作内容：装车、运输、卸车并按指定地点堆放等。

单位：$100m^3$ 混凝土构件

项目		单位	一般混凝土构件				
			运距 ≤0.5km	运距 1km	运距 2km	运距 3km	每增运 0.5km
人工		工日	10.640	10.640	10.640	10.640	
材料	板枋材	m^3	0.100	0.100	0.100	0.100	
	铁件	kg	12.000	12.000	12.000	12.000	
	其他材料费	%	3.000	3.000	3.000	3.000	
机械	汽车起重机 5t	台班	2.170	2.170	2.170	2.170	
	载重汽车 10t	台班	3.010	3.220	3.650	4.070	0.220
	其他机械费	%	1.000	1.000	1.000	1.000	
定额编号			40269	40270	40271	40272	40273

（2）预制混凝土大构件

适用范围：预制混凝土闸门、排架等大构件。

工作内容：装车、运输、卸车并按指定地点堆放等。

单位：$100m^3$ 混凝土大构件

项目		单位	混凝土大构件				
			运距 ≤0.5km	运距 1km	运距 2km	运距 3km	每增运 0.5km
人工		工日	4.760	4.760	4.760	4.760	
机械	汽车起重机 10t	台班	0.980	0.980	0.980	0.980	
	载重汽车 18t	台班	1.080	1.260	1.610	1.940	0.110
	其他机械费	%	1.000	1.000	1.000	1.000	
定额编号			40274	40275	40276	40277	40278

四-66 止　　水

单位：100 延米

项　　目		单位	铜片止水	铁片止水	塑料止水	橡胶止水	菱形接缝
人　　工		工日	58.030	20.320	17.310	18.880	74.400
材料	沥青	t	1.700	1.700			2.400
	木柴	t	0.570	0.570			0.800
	紫铜片 厚 1.5mm	kg	561.000				
	白铁皮 厚 0.82mm	kg		203.000			
	塑料止水带	m			103.000		
	橡胶止水带	m				103.000	
	铜电焊条	kg	3.120				
	焊锡	kg		4.200			
	铁钉	kg		1.800			
	伸缩节	节					67.000
	镀锌铁管	m					210.000
	混凝土管 U 形	m					108.000
	钢筋	kg					330.000
	铁件	kg					52.000
	水泥	kg					200.000
	其他材料费	%	1.000	1.000	1.000	1.000	1.000
机械	交流电焊机 25kVA	台班	2.060				
	胶轮车	台班	1.350	1.160			1.900
定　额　编　号			40279	40280	40281	40282	40283

注　紫铜片规格为 0.0015m×0.4m×1.5m，损耗率 5%；白铁皮规格为 0.00082m×0.3m×20m，损耗率 5%。

四-67 沥青砂柱止水

工作内容：清洗缝面、熔化沥青、烤砂、拌和、洗模、拆模、安装。

单位：100 延米

项目		单位	重量配合比					
			1∶2			2∶1		
			直径10cm	直径20cm	直径30cm	直径10cm	直径20cm	直径30cm
人工		工日	22.810	44.730	80.610	22.590	43.900	78.840
材料	沥青	t	0.500	2.000	4.500	0.850	3.400	7.650
	木柴	t	0.330	1.330	3.000	0.570	2.270	5.130
	砂	m^3	0.690	2.760	6.210	0.290	1.160	2.610
	其他材料费	%	1.000	1.000	1.000	1.000	1.000	1.000
机械	胶轮车	台班	0.920	3.610	8.140	0.800	3.180	7.220
定额编号			40284	40285	40286	40287	40288	40289

注 1. 本节定额不包括外模制作的人工和材料。

2. 重量配合比指沥青∶砂。

四-68　渡槽止水及支座

工作内容：止水：模板制作、安装、拆除、修理，填料配制、填塞、养护。支座：放线、定位、校正、焊接、安装。

项目		单位	渡槽止水			渡槽支座
			环氧粘橡皮/100 延米	木屑水泥/100 延米	胶泥填料/100 延米	盆式橡胶支座/个
人工		工日	100.550	32.090	37.720	4.230
材料	板枋材	m^3	0.300	0.880		
	型钢	kg				48.640
	电焊条	kg				3.110
	橡胶支座	个				1.000
	钢筋	kg				9.300
	环氧树脂	kg	65.920			
	甲苯	kg	9.950			
	二丁酯	kg	9.950		27.240	
	乙二胺	kg	5.840			
	沥青	kg	136.000			
	水	m^3	37.000	6.000		
	水泥	kg	168.000	1770.000		
	砂	m^3	0.250			
	麻絮	kg	92.000			
	橡胶止水带	m	105.000			
	预埋铁件	kg		83.000		
	铁钉	kg		2.600		
	木屑	kg		804.000		
	麻丝	kg		13.400		
	煤焦油	kg			272.400	
	聚氯乙烯粉	kg			27.240	
	硬脂酸钙	kg			2.720	
	粉煤灰	kg			27.240	
	其他材料费	%	1.000	1.000	1.000	1.000
机械	交流电焊机 25kVA	台班				0.230
定额编号			40290	40291	40292	40293

四-69 防 水 层

工作内容：抹水泥砂浆：清洗、拌和、抹面。涂沥青：清洗、熔化、搭拆跳板。麻布沥青：清洗、熔化、裁铺麻布、浇涂、搭拆跳板。青麻沥青：清洗、熔化、浸刷塞缝、浇涂沥青。

单位：$100m^2$

项目		单位	抹水泥砂浆			涂沥青		麻布沥青		青麻沥青
			立面	平面	拱面	立面拱面	平面	一布二油	二布三油	
人工		工日	10.700	7.430	18.760	8.060	5.990	12.270	17.800	43.680
材料	沥青	t				0.290	0.260	0.590	0.590	0.870
	木柴	t				0.100	0.090	0.160	0.210	0.910
	砂	m^3	3.330	2.610	2.610					
	水泥	t	1.520	1.140	1.140					
	麻布	m^2						120.000	240.000	
	水	m^3	1.000	1.000	1.000					
	煤沥青	t								1.730
	麻刀	t								0.440
	其他材料费	%	3.000	3.000	3.000	3.000	3.000	3.000	3.000	3.000
机械	胶轮车	台班	0.830	0.650	0.650					
定额编号			40294	40295	40296	40297	40298	40299	40300	40301

注 1. 砌体倾斜与水平交角不超过45°为平面，超过45°为立面。

2. 抹水泥砂浆适用于料石砌体，如抹条片石砌体，人工定额乘以系数1.3。

四-70 伸缩缝

工作内容：沥青油毛毡：清洗缝面、熔化、涂刷沥青、铺油毡。沥青木板：木板制作、熔化、涂沥青、安装。

单位：$100m^2$

项目		单位	沥青油毛毡			沥青木板
			一毡二油	二毡三油	三毡四油	
人工		工日	14.340	21.290	28.490	26.970
材料	板枋材	m^3				2.200
	油毛毡	m^2	115.000	226.000	340.000	
	沥青	t	1.220	1.830	2.440	1.240
	木柴	t	0.420	0.630	0.840	0.420
	其他材料费	%	1.000	1.000	1.000	1.000
机械	胶轮车	台班	0.260	0.410	0.530	0.510
定额编号			40302	40303	40304	40305

四-71 橡胶伸缩缝

工作内容：板式橡胶：焊接、安装、切割临时接头、拌环氧树脂、嵌缝、固定等。

单位：100m

项目		单位	数量
人工		工日	68.490
材料	板式橡胶伸缩缝	m	105.000
	钢筋	kg	20.000
	环氧树脂	kg	5.000
	电焊条	kg	4.270
	其他材料费	%	1.000
机械	交流电焊机 25kVA	台班	0.500
定额编号			40306

四-72 聚乙烯闭孔泡沫板

适用范围：伸缩缝。

工作内容：泡沫板切割、安装。

单位：$100m^2$

项目		单位	数量
人工		工日	20.220
材料	聚乙烯闭孔泡沫板	m^2	110.000
	其他材料费	%	1.000
定额编号			40307

四-73 钢筋制作与安装

适用范围：水工建筑物各部位及预制构件。

工作内容：回直、除锈、切断、弯制、焊接、绑扎及加工场至施工场地运输。

单位：t

项目		单位	一般钢筋	钢筋网	桩钢筋笼
人工		工日	10.860	9.870	13.310
材料	钢筋	t	1.020	1.020	1.030
	铁丝	kg	4.000		
	电焊条	kg	7.220	6.870	6.520
	其他材料费	%	1.000	1.000	1.000
机械	钢筋调直机 14kW	台班	0.050	0.060	0.060
	风砂枪	台班	0.110	0.140	
	钢筋切断机 20kW	台班	0.030	0.040	0.040
	钢筋弯曲机 $\phi6\sim\phi40$	台班	0.080		0.090
	电弧型对焊机 150kVA	台班	0.030		
	塔式起重机 10t	台班	0.010		
	交流电焊机 25kVA	台班	0.760	0.720	0.690
	汽车起重机 20t	台班			0.180
	载重汽车 5t	台班	0.040	0.030	0.030
	其他机械费	%	2.000	2.000	2.000
定额编号			40308	40309	40310

注 本节定额中钢筋含加工损耗，不包括搭接长度及施工架立筋用量。

四-74　混凝土凿毛

工作内容：凿毛深度2～3cm、清理废渣、冲洗凿面。

单位：$100m^2$

项目		单位	水平面	垂直面	仰面
人工		工日	12.890	16.080	24.120
材料	零星材料费	%	5.000	5.000	5.000
定额编号			40311	40312	40313

注　1. 洞内作业，人工定额乘以系数1.2。
　　2. 闸门槽按仰面的，人工定额乘以系数1.1。

四-75　人工凿除混凝土

适用范围：混凝土或钢筋混凝土拆除。

工作内容：人工凿除、清渣等。

单位：$100m^3$

项目		单位	混凝土	钢筋混凝土
人工		工日	271.200	352.600
材料	钢钎	kg	13.440	17.470
	其他材料费	%	5.000	5.000
定额编号			40314	40315

注　1. 人工凿除子目仅适用于表层混凝土非破坏性的局部凿除，不适用于破坏性的整体拆除。
　　2. 渣料需要外运时，参照石渣运输相应子目。

四-76 混凝土拆除

(1)

工作内容：1. 风镐拆除：拆除、清底、废渣堆放。

2. 液压岩石破碎机拆除：破碎、撬移、解小、翻渣、清面。

单位：$100m^3$

项目		单位	无筋	
			风镐拆除	液压岩石破碎机拆除
人工		工日	63.820	1.160
材料	零星材料费	%	3.000	5.000
机械	手持式风镐	台班	14.840	
	挖掘机 $0.6m^3$	台班		6.440
	$1m^3$	台班		4.680
	$2m^3$	台班		3.370
定额编号			40316	40317

注 1. 拆除钢筋混凝土时，人工、机械定额乘以系数 1.3。

2. 渣料需外运时，参照“第二章 石方工程”相应的运输定额。

(2)

工作内容：风钻钻孔、人工拆除：钻孔、人工凿除、清理、废渣堆放。

风钻钻孔、爆破拆除：钻孔、爆破、撬移、解小、翻渣、清面。

破碎剂胀裂拆除：钻孔、破碎剂拌和与装填、风镐剔除。

单位：$100m^3$

项目		单位	无筋		
			风钻钻孔、人工凿除	风钻钻孔、爆破拆除	破碎剂胀裂拆除
人工		工日	218.350	31.970	112.380
材料	合金钻头	个	23.810	14.290	36.570
	空心钢	kg	43.710	22.140	108.310
	炸药	kg		36.300	
	毫秒雷管	个		1020.000	
	雷管	个		102.000	
	导线	m		500.000	
	破碎剂	kg			1650.000
	水	m^3	24.760		101.150
	其他材料费	%	5.000	10.000	5.000
机械	手持式风镐	台班	4.460		25.640
	手持式风钻	台班	22.920	13.750	35.200
	其他机械费	%	5.000	10.000	5.000
定额编号			40318	40319	40320

注　1. 拆除钢筋混凝土时，人工、机械定额乘以系数1.3。

2. 渣料需外运时，参照“第二章　石方工程”相应的运输定额。

四-77 预制混凝土梁、板整体拆除

工作内容：切割、拆除、汽车起重机吊移。

单位：$100m^3$

项目		单位	混凝土构件体积≤$0.5m^3$	混凝土构件体积 $1m^3$	混凝土构件体积 $2m^3$	混凝土构件体积 $4m^3$	混凝土构件体积 $6m^3$	混凝土构件体积 $8m^3$
人工		工日	61.990	60.130	57.740	56.830	54.980	54.310
材料	零星材料费	%	5.000	5.000	5.000	5.000	5.000	5.000
机械	汽车起重机 5t	台班	3.570					
	8t	台班		2.550				
	16t	台班			1.660			
	30t	台班				1.040		
	50t	台班					0.790	
	70t	台班						0.690
	其他机械费	%	10.000	10.000	10.000	10.000	10.000	10.000
定额编号			40321	40322	40323	40324	40325	40326

注 拆除的混凝土构件运输另计。

四-78 混凝土表面防碳化

适用范围：混凝土表面防碳化。

工作内容：清理基面、刷毛、高压无气喷涂环氧涂料。

单位：$100m^2$

项目		单位	数量
人工		工日	33.930
材料	环氧涂料	kg	63.000
	丙酮	kg	16.000
	其他材料费	%	0.500
机械	空气压缩机 $3m^3/min$	台班	2.370
	高压无气喷涂泵	台班	2.370
	其他机械费	%	5.000
定额编号			40327

四-79 双组分聚硫密封胶填缝

适用范围：混凝土伸缩缝、施工缝的嵌缝。

工作内容：施工部位的打磨、清扫，聚硫密封胶配料调制、填缝、养护等。

单位：m^3

项目		单位	数量
人工		工日	25.380
材料	双组分聚硫密封胶	m^3	1.020
	汽油	kg	12.380
	其他材料费	%	1.000
机械	手持式砂轮机 砂轮直径 ϕ150mm 以内	台班	4.450
	其他机械费	%	20.000
定额编号			40328

四-80 渠道滑模衬砌

适用范围：渠道明挖段的边坡以及平原水库坝坡。

工作内容：现浇混凝土与切缝。

单位：100m^3

项目		单位	数量
人工		工日	62.970
材料	混凝土	m^3	110.000
	水	m^3	170.000
	其他材料费	%	3.000
机械	滑模衬砌机	台班	2.150
	切缝机 EX-100	台班	4.580
	其他机械费	%	15.000
其他	混凝土拌制	m^3	110.000
	混凝土运输	m^3	110.000
定额编号			40329

第五章　模 板 工 程

说　明

一、本章定额包括平面模板、曲面模板、异形模板、钢模台车、滑模等定额共 20 节，适用于各种水工建筑物现浇混凝土模板。

二、模板定额的计量单位“$100m^2$”为立模面面积，即混凝土与模板的接触面积。

三、立模面面积的计量，除有其他说明外，应按满足建筑物体形及施工分缝要求所需的立模面计算。

四、模板定额的工作内容

1. 木模板制作：板条锯断、刨光、裁口，骨架（或圆弧板带）锯断、刨光，板条骨架拼钉，板面刨光、修正。

2. 木立柱、围令制作：枋木锯断、刨平、打孔。

3. 木桁（排）架制作：枋木锯断、凿榫、打孔、砍刨拼装，上螺栓、夹板。

4. 模板运输：模板、立柱、围令及桁（排）架等自工地加工厂或存放场运输至安装工作面。

5. “铁件”按成品预算价格计算。

五、模板材料均按预算消耗量计算，包括制作、安装、拆除、维修的损耗和消耗，并考虑了周转和回收。

六、钢模板定额已包括标准钢模板材料的周转摊销费。

七、模板定额中的材料，除模板本身外，还包括支撑模板的立柱、围令、桁（排）架及铁件等。对于悬空建筑物（如渡槽槽身）的模板，计算到支撑模板结构的承重梁（或枋木）为止，承重梁以下的支撑结构未包括在本定额内，应计入其他临时工程。

八、滑模定额中的材料仅包括轨面以下的材料，即轨道和安装轨道所用的埋件、支架和铁件。钢模台车定额中未计入轨面以下部分，轨道和安装轨道所用的埋件等应计入其他临时工程。滑模、针梁模板和钢模台车的行走机构、构架、模板及其支撑型钢，为拉滑模板或台车行走及支立模板所配备的电动机、卷扬机、千斤顶等动力设备，均作为整体设备以工作台班计入定额。

九、若采用预制混凝土模板，材料量按工程实际需要计算，其预制、安装直接套用《山东省水利水电建筑工程预算定额》"第四章 混凝土工程"中相应的混凝土预制定额和预制混凝土构件安装定额。

五-1 普通标准钢模板

适用范围：各种水工建筑物混凝土的平面模板。

工作内容：铁件制作，模板运输、安装、拆除、除灰、刷脱模剂、维修、倒仓、拉筋割断。

单位：$100m^2$

项目		单位	一般部位	板、梁、柱部位
人工		工日	45.280	52.690
材料	组合钢模板	kg	135.410	142.180
	型钢	kg	44.000	45.120
	卡扣件	kg	26.600	27.240
	铁件	kg	126.000	32.000
	电焊条	kg	3.750	3.940
	其他材料费	%	10.000	10.000
机械	汽车起重机 5t	台班	1.340	1.340
	载重汽车 5t	台班	0.060	0.060
	交流电焊机 25kVA	台班	0.680	0.710
	其他机械费	%	10.000	10.000
定额编号			50001	50002

五-2 普通平面木模板

适用范围：各种水工建筑物混凝土的平面模板。

工作内容：模板制作，立柱、围令制作，预埋铁件制作，模板运输、安装、拆除、除灰、刷脱模剂、维修、倒仓，拉筋割断。

单位：$100m^2$

项目		单位	数量
人工		工日	28.080
材料	板枋材	m^3	2.230
	铁钉	kg	5.400
	铁丝	kg	1.040
	铁件	kg	314.800
	电焊条	kg	4.800
	其他材料费	%	2.000
机械	圆盘锯	台班	0.700
	双面刨床	台班	0.600
	汽车起重机 5t	台班	1.310
	载重汽车 5t	台班	0.270
	交流电焊机 25kVA	台班	0.980
	其他机械费	%	5.000
定额编号			50003

注 应优先选用钢模板，不适宜采用钢模板或采用木模板费用更低时可采用本定额。

五-3 普通曲面钢模板

适用范围：各种水工建筑物（隧洞除外）混凝土的曲面模板。

工作内容：钢架制作，面板拼装，预埋铁件制作，模板运输，模板安装、拆除、除灰、刷脱模剂、维修、倒仓、拉筋割断。

单位：100m^2

项目		单位	数量
人工		工日	54.170
材料	板枋材	m^3	0.340
	组合钢模板	kg	108.410
	型钢	kg	358.730
	卡扣件	kg	30.800
	铁件	kg	283.370
	电焊条	kg	16.020
	其他材料费	%	2.000
机械	型钢剪断机 13kW	台班	0.150
	型材弯曲机	台班	0.230
	汽车起重机 8t	台班	1.610
	载重汽车 5t	台班	0.070
	交流电焊机 25kVA	台班	1.340
	其他机械费	%	5.000
定额编号			50004

五-4　悬臂组合钢模板

适用范围：各种水工建筑物混凝土的模板。

工作内容：钢架制作，面板拼装，预埋铁件制作，模板运输、安装、拆除、除灰、刷脱模剂、维修、倒仓。

单位：100m²

项目		单位	数量
人工		工日	27.890
材料	组合钢模板	kg	98.590
	型钢	kg	483.020
	卡扣件	kg	16.750
	铁件	kg	242.560
	电焊条	kg	14.350
	其他材料费	%	2.000
机械	型钢剪断机 13kW	台班	0.160
	汽车起重机 8t	台班	1.310
	载重汽车 5t	台班	0.060
	交流电焊机 25kVA	台班	1.410
	其他机械费	%	10.000
定额编号			50005

五-5　圆形隧洞曲面钢模板

适用范围：圆形及马蹄形隧洞混凝土衬砌。

工作内容：钢架制作，面板拼装，预埋铁件制作，模板运输、安装、拆除、除灰、刷脱模剂、维修、倒仓、拉筋割断。

单位：$100m^2$

项目		单位	数量
人工		工日	68.460
材料	板枋材	m^3	0.220
	组合钢模板	kg	80.150
	型钢	kg	66.850
	卡扣件	kg	19.900
	铁件	kg	209.800
	电焊条	kg	5.800
	其他材料费	%	2.000
机械	型钢剪断机 13kW	台班	0.120
	型材弯曲机	台班	0.270
	汽车起重机 5t	台班	1.420
	载重汽车 5t	台班	0.030
	交流电焊机 25kVA	台班	1.080
	其他机械费	%	5.000
定额编号			50006

五-6　U形渡槽槽身模板

适用范围：U形渡槽槽身。

工作内容：木模板制作，钢支架制作，预埋铁件制作，模板运输、安装、拆除、除灰、刷脱模剂、维修、倒仓、拉筋割断。

单位：$100m^2$

项　目		单位	数量
人　工		工日	56.580
材料	板枋材	m^3	0.330
	组合钢模板	kg	75.800
	型钢	kg	119.740
	卡扣件	kg	27.650
	铁件	kg	80.060
	预埋铁件	kg	15.360
	电焊条	kg	3.120
	其他材料费	%	2.000
机械	圆盘锯	台班	0.090
	双面刨床	台班	0.090
	型钢剪断机 13kW	台班	0.040
	汽车起重机 5t	台班	1.300
	载重汽车 5t	台班	0.040
	交流电焊机 25kVA	台班	0.670
	其他机械费	%	5.000
定　额　编　号			50007

五-7 尾水肘管模板

适用范围：水轮机混凝土尾水肘管（弯管段）模板。

工作内容：木模板制作，木排架制作，预埋铁件制作，整体试拼装，模板运输。

单位：$100m^2$

项目		单位	肘管进口直径≤2m	肘管进口直径 4m	肘管进口直径 6m	肘管进口直径 8m
人工		工日	181.900	289.960	324.580	359.130
材料	板枋材	m^3	7.060	8.110	9.160	10.210
	组合钢模板	kg	29.780	29.780	29.780	29.780
	型钢	kg	295.890	407.540	519.200	630.850
	卡扣件	kg	36.630	64.620	92.600	120.590
	铁件	kg	449.190	481.880	514.580	547.270
	铁钉	kg	57.270	60.220	63.170	66.120
	铁丝	kg	8.340	9.930	11.510	13.100
	电焊条	kg	7.920	7.920	7.920	7.920
	其他材料费	%	2.000	2.000	2.000	2.000
机械	圆盘锯	台班	1.700	1.940	2.180	2.410
	双面刨床	台班	1.040	1.110	1.190	1.260
	小型带锯	台班	0.340	0.340	0.340	0.340
	型钢剪断机 13kW	台班	0.040	0.050	0.070	0.080
	汽车起重机 8t	台班	2.970	3.420	3.870	4.310
	载重汽车 5t	台班	0.410	0.470	0.530	0.590
	交流电焊机 25kVA	台班	1.240	1.240	1.240	1.240
	其他机械费	%	5.000	5.000	5.000	5.000
定额编号			50008	50009	50010	50011

五-8 键槽模板

适用范围：混凝土零星键槽。

工作内容：预埋件制作，预制混凝土制作，模板运输、安装、拆除、除灰、刷脱模剂、维修。

单位：$100m^2$

项目		单位	数量
人工		工日	39.290
材料	板枋材	m^3	2.020
	铁钉	kg	39.880
	其他材料费	%	2.000
机械	圆盘锯	台班	0.700
	双面刨床	台班	0.760
	汽车起重机 5t	台班	0.260
	载重汽车 5t	台班	0.090
	其他机械费	%	5.000
定额编号			50012

注 1. 键槽模板安装、拆除定额以拼装在该部位的平面模板上为准。

2. 键槽部位平面模板的立模面积计算，不扣除被键槽模板遮盖的面积。

3. 混凝土坝体纵缝、横缝键槽模板见本章“悬臂组合钢模板”。

五-9 牛腿模板

适用范围：坝顶混凝土牛腿，坝前进水孔口、平台等的混凝土牛腿。

工作内容：钢围令及钢支架制作，预埋铁件制作，模板运输，钢支架安装，模板安装、拆除、除灰、刷脱模剂、维修、倒仓、拉筋割断。

单位：$100m^2$

项目		单位	数量
人工		工日	92.030
材料	组合钢模板	kg	71.100
	型钢	kg	205.270
	卡扣件	kg	17.130
	铁件	kg	3006.450
	电焊条	kg	79.460
	其他材料费	%	2.000
机械	型钢剪断机 13kW	台班	1.100
	汽车起重机 8t	台班	2.480
	载重汽车 5t	台班	0.400
	交流电焊机 25kVA	台班	9.810
	其他机械费	%	5.000
定额编号			50013

五-10 矩形涵洞模板

适用范围：矩形涵洞。

工作内容：模板制作，钢架制作，铁件制作，模板运输，模板及钢架安装、拆除，模板除灰、刷脱模剂、维修、倒仓，拉筋割断。

单位：100m²

项目		单位	数量
人工		工日	47.330
材料	组合钢模板	kg	70.540
	型钢	kg	50.620
	卡扣件	kg	27.030
	铁件	kg	76.760
	混凝土柱	m^3	0.190
	电焊条	kg	1.740
	其他材料费	%	2.000
机械	型钢剪断机 13kW	台班	0.100
	载重汽车 5t	台班	8.370
	交流电焊机 25kVA	台班	2.680
	其他机械费	%	5.000
定额编号			50014

五-11　矩形涵洞模板堵头

适用范围：矩形涵洞混凝土堵头。

工作内容：制作、安装、拆除、运输、除灰、刷脱模剂、维修、倒仓、切割等。

单位：$100m^2$

项目		单位	数量
人工		工日	56.320
材料	板枋材	m^3	2.350
	型钢	kg	64.160
	卡扣件	kg	21.100
	铁钉	kg	11.630
	其他材料费	%	2.000
机械	圆盘锯	台班	0.820
	双面刨床	台班	0.710
	载重汽车 5t	台班	0.350
	汽车起重机 5t	台班	1.410
	其他机械费	%	5.000
定额编号			50015

五-12 圆形涵洞模板

适用范围：圆形涵洞。

工作内容：模板制作，钢架制作，铁件制作，模板运输，模板及钢架安装、拆除，模板除灰、刷脱模剂、维修、倒仓、拉筋割断。

单位：$100m^2$

项目		单位	数量
人工		工日	46.860
材料	锯材	m^3	0.220
	组合钢模板	kg	90.700
	型钢	kg	44.210
	卡扣件	kg	25.900
	铁件	kg	66.740
	混凝土柱	m^3	0.200
	电焊条	kg	1.950
	其他材料费	%	2.000
机械	型钢剪断机 13kW	台班	0.090
	型材弯曲机	台班	1.670
	载重汽车 5t	台班	10.880
	交流电焊机 25kVA	台班	2.450
	其他机械费	%	5.000
定额编号			50016

五-13　圆形涵洞模板堵头

适用范围：圆形涵洞混凝土堵头。

工作内容：制作、安装、拆除、运输、除灰、刷脱模剂、维修、倒仓、切割等。

单位：100m²

项目		单位	数量
人工		工日	63.130
材料	板枋材	m^3	2.350
	型钢	kg	43.140
	卡扣件	kg	23.660
	铁钉	kg	11.630
	其他材料费	%	2.000
机械	圆盘锯	台班	0.820
	双面刨床	台班	0.710
	载重汽车 5t	台班	0.350
	汽车起重机 5t	台班	1.410
	其他机械费	%	5.000
定额编号			50017

五-14 直墙圆拱形隧洞衬砌钢模台车

适用范围：直墙圆拱形隧洞边墙和顶拱混凝土衬砌。

工作内容：场内运输、安装、调试、拆除，运行（就位、架立、拆除模板、移位），维护保养。

单位：$100m^2$

项目		单位	衬砌后断面面积≤$10m^2$	衬砌后断面面积 $20m^2$	衬砌后断面面积 $40m^2$	衬砌后断面面积 $70m^2$
人工		工日	24.220	20.660	17.810	15.710
机械	钢模台车衬砌后断面面积 $10m^2$	台班	7.750			
	钢模台车衬砌后断面面积 $20m^2$	台班		6.410		
	钢模台车衬砌后断面面积 $40m^2$	台班			4.820	
	钢模台车衬砌后断面面积 $70m^2$	台班				3.720
	载重汽车 15t	台班	0.010	0.010	0.010	0.010
	汽车起重机 25t	台班	0.300	0.300	0.310	0.320
	交流电焊机 25kVA	台班	0.190	0.190	0.200	0.220
	其他机械费	%	3.000	3.000	3.000	3.000
定额编号			50018	50019	50020	50021

注 立模面面积按边墙墙面和顶拱圆弧面计算。

五-15 竖井滑模

适用范围：竖井混凝土衬砌。

工作内容：场内运输、安装、调试，拉滑模板，维护保养。

单位：$100m^2$

项目		单位	竖井内径≤5m	竖井内径7m	竖井内径10m	竖井内径13m	竖井内径15m
人工		工日	25.660	23.950	22.910	22.640	22.200
机械	滑模台车 竖井 衬砌后直径 5m	台班	5.560				
	滑模台车 竖井 衬砌后直径 7m	台班		4.010			
	滑模台车 竖井 衬砌后直径 10m	台班			2.780		
	滑模台车 竖井 衬砌后直径 13m	台班				2.130	
	滑模台车 竖井 衬砌后直径 15m	台班					1.930
	载重汽车 15t	台班	0.020	0.020	0.030	0.040	0.040
	汽车起重机 25t	台班	0.090	0.090	0.090	0.090	0.090
	卷扬机 单筒慢速 5t	台班	0.320	0.320	0.320	0.320	0.320
	交流电焊机 25kVA	台班	0.120	0.120	0.120	0.120	0.120
	其他机械费	%	3.000	3.000	3.000	3.000	3.000
定额编号			50022	50023	50024	50025	50026

五-16　溢流面滑模

适用范围：溢流面混凝土。

工作内容：场内运输，轨道及埋件制作、安装，滑模安装、调试、拆除，拉滑模板，维护保养。

单位：$100m^2$

项目		单位	分缝宽度≤10m	分缝宽度>10m
人工		工日	66.170	54.980
材料	型钢	kg	261.600	209.280
	铁件	kg	117.290	93.840
	电焊条	kg	9.430	7.540
	其他材料费	%	2.000	2.000
机械	滑模台车 溢流面 分缝宽度≤10m	台班	5.360	
	滑模台车 溢流面 分缝宽度>10m	台班		3.580
	型钢剪断机 13kW	台班	0.040	0.030
	型材弯曲机	台班	0.610	0.490
	汽车起重机 5t	台班	0.020	0.020
	载重汽车 15t	台班	0.030	0.040
	5t	台班	3.350	1.540
	汽车起重机 25t	台班	0.370	0.280
	交流电焊机 25kVA	台班	1.550	1.240
	其他机械费	%	5.000	5.000
定额编号			50027	50028

五-17　混凝土面板侧模、滑模

适用范围：堆石坝混凝土面板。

工作内容：木模板制作，钢支架制作，预埋铁件制作，模板运输、安装、拆除、除灰、刷脱模剂、维修、倒仓、拉筋割断。

（1）侧　　模

单位：$100m^2$

项目		单位	数量
人　　工		工日	46.750
材料	板枋材	m^3	1.640
	型钢	kg	57.400
	铁件	kg	104.120
	预埋铁件	kg	930.910
	电焊条	kg	2.700
	其他材料费	%	2.000
机械	圆盘锯	台班	0.470
	双面刨床	台班	0.310
	型钢剪断机 13kW	台班	0.030
	载重汽车 5t	台班	0.170
	交流电焊机 25kVA	台班	0.690
	其他机械费	%	5.000
定　额　编　号			50029

(2) 滑　　模

工作内容：场内运输、安装、调试、拆除，拉滑模板，维护保养。

单位：100m²

项　　目		单位	分缝宽度≤10m	分缝宽度>10m
人　　工		工日	14.910	11.330
机械	滑模台车 混凝土面板 分缝宽度≤10m	台班	2.680	
	滑模台车 混凝土面板 分缝宽度>10m	台班		1.810
	载重汽车 15t	台班	0.030	0.030
	汽车起重机 25t	台班	0.230	0.170
	交流电焊机 25kVA	台班	0.190	0.160
	其他机械费	%	5.000	5.000
定　额　编　号			50030	50031

五-18 明渠衬砌模板

适用范围：明渠混凝土衬砌模板。

工作内容：模板制作、预埋铁件制作、模板运输、模板安装、拆除、除灰、刷脱膜剂、维修、倒仓、拉筋割断。

单位：$100m^2$

项目		单位	边坡模板		堵头
			岩石坡	土坡	
人工		工日	52.440	10.680	63.960
材料	型钢	kg	47.270	30.880	33.150
	板枋材	m^3			2.350
	铁钉	kg			11.630
	组合钢模板	kg	86.470		
	卡扣件	kg	27.860		
	铁件	kg	3.290		13.900
	预埋铁件	kg	152.970		
	混凝土柱	m^3	0.730		
	电焊条	kg	6.020	0.680	0.730
	其他材料费	%	5.000	5.000	5.000
机械	型钢剪切机 13kW	台班		0.009	0.009
	载重汽车 5t	台班	0.040	0.001	0.350
	钢筋切断机 20kW	台班	0.020		
	钢筋弯曲机 $\phi6\sim\phi40$	台班	0.060		
	汽车起重机 5t	台班	0.860	0.034	1.410
	卷扬机 单筒慢速 3t	台班		1.200	
	交流电焊机 25kVA	台班	0.430	0.040	0.190
	圆盘锯	台班			0.820
	双面刨床	台班			0.710
	其他机械费	%	10.000	10.000	10.000
定额编号			50032	50033	50034

五-19 胶合板模板

工作内容：模板制作，立柱、围令制作，预埋铁件制作，模板运输，模板安装、拆除、除灰、刷脱模剂，维修、倒仓，拉筋割断。

(1) 混凝土直型墙、墩模板

单位：100m²

项目		单位	支模高度10m内			支模高度超过10m时每增加1m
			墙、墩厚度40cm	墙、墩厚度70cm	墙、墩厚度100cm	
人工		工日	46.280	52.150	58.030	2.420
材料	板枋材	m^3	0.050	0.060	0.060	
	防水胶合板 厚18mm	m^2	13.780	13.780	13.780	
	铁丝	kg	74.180	89.020	103.860	
	铁钉	kg	0.670	0.800	0.950	
	型钢	kg	127.870	127.870	127.870	5.410
	其他材料费	%	5.000	5.000	5.000	
机械	圆盘锯	台班	0.090	0.090	0.090	
	载重汽车 5t	台班	0.970	0.970	0.970	0.020
	其他机械费	%	5.000	5.000	5.000	
定额编号			50035	50036	50037	50038

(2) 混凝土板模板

单位：$100m^2$

项目		单位	支模高度 3.6m 以内			支模高度每增加 1m
			板厚 12cm 以内		板厚每增加 1cm	
			有梁板	无梁板		
人工		工日	46.720	41.280	0.460	8.640
材料	板枋材	m^3	0.350	0.400		
	防水胶合板 厚18mm	m^2	16.070	13.780		
	铁钉	kg	2.080	2.080	0.020	
	铁丝	kg	27.100			
	型钢	kg	85.250	70.510	2.800	15.160
	其他材料费	%	5.000	5.000		
机械	圆盘锯	台班	0.380	0.380		
	载重汽车 5t	台班	1.180	0.870	0.020	0.090
	其他机械费	%	5.000	5.000	5.000	
定额编号			50039	50040	50041	50042

五-20 混凝土建筑物立模面系数参考表

（1）大坝和电站厂房

序号	建筑物名称	立模面系数/(m^2/m^3)	各类立模面参考比例/%					说 明
			平面	由面	牛腿	键槽	溢流面	不包括拱形廊道模板
1	重力坝（综合）	0.15～0.24	70～90	2.0～6.0	0.7～1.8	15～25	1.0～3.0	实际工程中如果坝体纵、横缝不设键槽，键槽立模面所占比例相应增加
	分部：非溢流坝	0.10～0.16	70～98	0.0～1.0	2.0～3.0	15～28		
	表面溢流坝	0.18～0.24	60～75	2.0～3.0	0.2～0.5	15～28	8.0～16.0	
	孔洞泄流坝	0.22～0.31	66～90	1.0～3.5	0.7～1.2	15～27	5.0～8.0	
2	宽缝重力坝	0.18～0.27						
3	拱坝	0.18～0.28	70～80	2.0～3.0	1.0～3.0	12～25	0.5～5.0	
4	连拱坝	0.80～1.60						
5	平板坝	1.10～1.70						
6	单支墩大头坝	0.30～0.45						

续表

序号	建筑物名称		立模面系数/(m^2/m^3)	各类立模面参考比例/%					说　明
				平面	曲面	牛腿	键槽	溢流面	不包括拱形廊道模板
7	双支墩大头坝		0.32～0.60						
8	碾压混凝土坝	仓面≤3000m²	0.10～0.20						立模系数以坝体混凝土总量为基数
		仓面>3000m²	0.06～0.10						
9	河床式电站闸坝		0.45～0.98	85～95	5.0～13	0.3～0.8	0.0～10		不包括蜗壳模板、尾水肘管模板及拱形廊道模板
10	坝后式厂房		0.50～0.98	88～97	2.5～8.0	0.2～0.5	0.0～5.0		
11	混凝土蜗壳立模面积/m²		$13.40D_1^2$						D_1 为水轮机转轮直径
12	尾水肘管立模面积/m²		$5.846D_4^2$						D_4 为尾水肘管进口直径，可按下式估算：轴流式机组 $D_4=1.2D_1$，混流式机组 $D_4=1.35D_1$

注　1. 泄流和引水孔洞多而坝体较低，坝体立模面系数取大值；泄流和引水孔洞较少，以非溢流坝段为主的高坝，坝体立模面系数取小值。河床式电站闸坝的立模面系数主要与坝高有关，坝高小取大值，坝高大取小值。

2. 坝后式厂房的立模面系数，分层较多、结构复杂，取大值；分层较少、结构简单，取小值，一般可取中值。

(2) 溢 洪 道

序号	建筑物名称		立模面系数/(m^2/m^3)	各类立模面参考比例/%			说明
				平面	曲面	牛腿	
1	闸室	闸室(综合)	0.60～0.85	92～96	4.0～7.0	0.5(0)～0.9	
		分部:闸墩	1.00～1.75	91～95	5.0～8.0	0.7(0)～1.2	含中、边墩等
		闸底板	0.16～0.30	100			
2	泄槽	底板	0.16～0.30	100			
		边墙:挡土墙式	0.70～1.00	100			
		边坡衬砌	1/B+0.15	100			岩石坡,B 为衬砌厚

(3) 隧 洞

1) 直墙圆拱形隧洞

高宽比	衬砌厚度/m						所占比例/%	
	0.2	0.4	0.6	0.8	1.0	1.2	曲面	墙面
0.9	3.16～3.42	1.52～1.65	0.98～1.07	0.71～0.78	0.55～0.60	0.44～0.49	49～66	51～34
1	3.25～3.51	1.57～1.70	1.01～1.10	0.73～0.80	0.57～0.62	0.46～0.50	45～61	55～39
1.2	3.41～3.65	1.65～1.77	1.07～1.15	0.78～0.84	0.60～0.65	0.49～0.53	39～53	61～47

注 1 本表立模面系数按隧洞顶拱圆心角为 120°～180°计算,圆心角小时取大值,反之取小值。

2. 表中立模面系数仅包括顶拱曲面和边墙墙面模板,混凝土量按衬砌总量计算。

3. 底板堵头、边墙堵头和顶拱堵头模板总立模面系数为 1/L(m^2/m^3),L 为衬砌分段长度。

4. 键槽模板立模面积按隧洞长度计算,每米洞长立模面 1.3B(m^2/m),B 为衬砌厚度。

2）圆形隧洞

衬砌内径/m	衬砌厚度/m					
	0.2	0.4	0.6	0.8	1.0	1.2
4	4.76	2.27	1.45	1.04		
6	4.84	2.34	1.52	1.10	0.86	0.69
8	4.88	2.38	1.55	1.14	0.89	0.72
10	4.9	2.40	1.57	1.16	0.91	0.74
12	4.92	2.42	1.59	1.17	0.92	0.76

注 1. 表中立模面系数仅包括内曲面模板，混凝土量按衬砌总量计算。

2. 堵头模板立模面系数为 $1/L(m^2/m^3)$，L 为衬砌分段长度。

3. 键槽模板立模面积按隧洞长度计算，每米洞长立模面 $2.3B(m^2/m)$，B 为衬砌厚度。

（4）渡槽槽身

渡槽类型	壁厚/cm	立模面系数/(m^2/m^3)	备注
矩形渡槽	10	15.00	
	20	7.71	
	30	5.28	
箱型渡槽	10	13.26	
	20	6.63	
	30	4.42	
U形渡槽	12/20	10.33	直墙厚度 12cm，U形底部厚 20cm
	15/25	8.19	直墙厚度 15cm，U形底部厚 25cm
	24/40	5.98	直墙厚度 24cm，U形底部厚 40cm

(5) 涵　　洞

<table>
<tr><td rowspan="6">矩形涵洞</td><td colspan="3">顶板厚/cm</td><td>40</td><td>50</td><td>60</td><td>80</td><td>100</td><td>120</td></tr>
<tr><td rowspan="5">立模面系数/(m^2/m^3)</td><td colspan="2">一孔</td><td>3.17</td><td>2.36</td><td>1.96</td><td>1.55</td><td>1.25</td><td>1.06</td></tr>
<tr><td rowspan="2">二孔</td><td>单联</td><td>2.81</td><td>2.15</td><td>1.79</td><td>1.37</td><td>1.11</td><td>0.92</td></tr>
<tr><td>双联</td><td>2.62</td><td>1.99</td><td>1.65</td><td>1.28</td><td>1.03</td><td>0.85</td></tr>
<tr><td rowspan="2">三孔</td><td>单联</td><td>2.73</td><td>2.08</td><td>1.72</td><td>1.31</td><td>1.05</td><td>0.87</td></tr>
<tr><td>双联</td><td>2.51</td><td>1.93</td><td>1.61</td><td>1.23</td><td>0.98</td><td>0.81</td></tr>
<tr><td rowspan="2">直墙圆拱形涵洞</td><td colspan="2">壁厚/cm</td><td></td><td>40</td><td>50</td><td>60</td><td>80</td><td>100</td><td>120</td></tr>
<tr><td colspan="2">立模面系数/(m^2/m^3)</td><td></td><td>3.68</td><td>2.95</td><td>2.46</td><td>1.84</td><td>1.47</td><td>1.23</td></tr>
<tr><td rowspan="2">圆形涵洞</td><td colspan="2">壁厚/cm</td><td></td><td>15</td><td>25</td><td>35</td><td>45</td><td>55</td><td>65</td></tr>
<tr><td colspan="2">立模面系数/(m^2/m^3)</td><td></td><td>8.89</td><td>5.41</td><td>4.06</td><td>3.15</td><td>2.62</td><td>2.23</td></tr>
</table>

(6) 水　　闸

<table>
<tr><td rowspan="2">序号</td><td rowspan="2" colspan="2">建筑物名称</td><td rowspan="2">立模面系数/(m^2/m^3)</td><td colspan="3">各类立模面参考比例/%</td><td rowspan="2">说明</td></tr>
<tr><td>平面</td><td>曲面</td><td>牛腿</td></tr>
<tr><td>1</td><td colspan="2">水闸闸室（综合）</td><td>0.65～0.85</td><td>92～96</td><td>4.0～7.0</td><td>0.5(0)～0.9</td><td></td></tr>
<tr><td rowspan="2">2</td><td rowspan="2">分部</td><td>闸墩</td><td>1.15～1.75</td><td>91～95</td><td>5.0～8.0</td><td>0.7(0)～1.2</td><td>含中墩、边墩等</td></tr>
<tr><td>闸底板</td><td>0.16～0.30</td><td>100</td><td></td><td></td><td>不含水平面</td></tr>
</table>

(7) 泵 站 厂 房

泵站厂房（不含进水池和出水池）立模面系数 1.60～2.40m^2/m^3。

(8) 明　　渠

一、边坡面立模面系数 $1/B/(m^2/m^3)$，B 为边坡衬砌厚度；混凝土量按边坡衬砌量计算。

二、横缝堵头立模面系数 $1/L/(m^2/m^3)$，L 为衬砌分段长度；混凝土量按明渠衬砌总量计算。

三、底板纵缝立模面面积按明渠长度计算，每米渠长立模面 $n \times B/(m^2/m^3)$，B 为衬砌厚度，n 为明渠底板纵缝条数（含边坡与底板交界处的分缝）。